前言

爱情不是天堂，婚姻也不是墓地

把爱情想象成天堂，是错误的；把结婚想象成地狱，也是错误的。

婚姻也好，爱情也罢，既不是天堂也不是墓地。对婚姻生活充满幻想的人总是把爱情的延续——婚姻，看成是爱情的天堂，把一切都想象得过于美好和简单。而把婚姻看作"恋爱的坟墓"的人，则显得过于悲观，似乎一旦步入婚姻的殿堂，爱情就会从此消失了。

爱情走到最高点就是婚姻，它是爱情的另一种形式的存在。我们有幸活在这个婚姻自由的时代，我们应该珍惜这份难得的自由。每一段婚姻都应该建立在爱情的基础上。也许在结婚之间相爱的两个人只需要关注彼此，然而结婚后他们需要关注的更多，比如彼此的家庭，比如生活中的柴米油盐。但是这些不应该被认为是爱情的杀手，而应该被看作是爱情的保鲜剂。通过与彼此家人的相处，让双方更了解彼此，看见更多的闪光点。而对生活的艺术造诣则会让对方充满惊喜。因为爱是付出，爱是双方都想为对方做得更多，把对方照顾得更好。而婚姻生活则给爱的这种本质含义提供了表现的环境。通过婚姻生活中亲密无间的合作，让相爱的两个人能够发现彼此更多的优点。而为家庭创造更美好的明天这一共同的目标，则把两个人拉得更近。

当然，婚姻生活不是在真空中进行的，总免不了会出现这样那样的恋爱时不会遇到的问题。但两个人一起将这类问题克服过后的喜悦也是婚姻之外的人难以理解的。所以婚姻生活是通往天堂还是地狱，婚姻中的双方是唯二的决定者，也是彼此的领路人。

一分钟

把握当下的幸福

◆ 情感篇 ◆

游一行 著

洞察

人性

西藏人民出版社

图书在版编目（CIP）数据

一分钟洞察人性.情感篇：把握当下的幸福/游一行著. -- 拉萨：西藏人民出版社，2024. -- ISBN 978-7-223-07932-7

Ⅰ.B821-49

中国国家版本馆 CIP 数据核字第 2025TN2853 号

一分钟洞察人性.情感篇：把握当下的幸福

著　　者	游一行
策　　划	计美旺扎　扎西欧珠
责任编辑	卓玛措
封面设计	李　鹏
出版发行	西藏人民出版社（拉萨市林廓北路 20 号）
印　　刷	三河市祥达印刷包装有限公司
开　　本	710×1000　　1/32
印　　张	15
字　　数	192 千
版　　次	2025 年 7 月第 1 版
印　　次	2025 年 7 月第 1 次印刷
印　　数	01-10,000
书　　号	ISBN 978-7-223-07932-7
定　　价	69.00 元（全三册）

版权所有　翻印必究

（如有印装质量问题，请与出版社发行部联系调换）
发行部联系电话（传真）：0891-6826115

 目录

1 爱是艺术

爱是一门可学习的艺术 / 002

爱是人性,也是本能 / 003

爱没有什么所谓真谛 / 005

爱就是以生命承诺生命 / 006

真爱"漫无目的" / 008

学习爱这门艺术要主动 / 009

2 发现爱,创造爱

爱是自我发现的通道 / 012

孩子不懂爱 / 013

爱让人成长 / 015

激情是发自内心的热爱 / 016

爱能持续不断地产生爱 / 018

爱的力量就是存在的最好证明 / 019

爱的能力随环境而变 / 021

爱是流动的盛宴

爱是给予,不是接受 / 024

被爱是一个机会,而爱是一切 / 025

别把爱情当作永久的避风港 / 027

努力得来的爱让人缺乏安全感 / 028

爱要共享,还要交流 / 029

愿意为之努力,才是爱 / 031

理解爱,学会爱

排斥爱的社会终将毁灭 / 034

爱不是一个字,而是一种关心 / 035

爱他就要尊重他 / 036

爱情中不能缺少了解 / 038

莫把爱错解为被爱 / 039

爱能让人不那么孤单 / 041

爱是走向成熟的智慧旅程 / 043

敢于追求爱

厌烦是摧毁爱情的真凶 / 046

对爱的恐惧让人害怕去爱 / 048

爱是无条件信赖他人 / 049

爱潜藏在生活的细节里 / 051

爱的世界没有公平可言 / 052

幸福和痛苦像一枚硬币 / 053

求取快乐也是心理本能 / 055

拥有爱，超越爱

重要的是品质，不是对象 / 060

爱是每个人独有的体验 / 061

爱能激发内心的力量 / 063

信任爱才能产生爱 / 064

百折不回地去爱 / 066

拥有爱的全部能力 / 067

在爱中唯一可行的路 / 068

完美的爱，不完美的关系

爱存在于关系之中 / 072

感情是爱的第一步，但不是终点 / 073

爱情不是价值交换 / 075

别把婚姻匹配度作为爱的前提 / 076

真正的爱情不会被关系左右 / 078

感情很真实，关系很脆弱 / 079

爱是一项交付生命的决定 / 081

无忧无虑只是一种幻想 / 082

情如何谈，爱如何恋

"我爱你"的真正含义 / 086

"我"加"你"不一定等于"我们" / 087

性爱，看上去很美 / 089

爱情不是性满足的产物 / 090

迷恋不是爱的内容 / 092

情爱有时候比爱情更具迷惑性 / 093

真正的情爱必然通过心灵 / 094

与人结合是了解生命的唯一方式 / 096

构筑爱的圣地

过分估价,爱将变得一文不值 / 100

尊重女性是男性应具备的基本素质 / 101

女性常常低估自己的价值 / 103

生命中最重要的是爱情与工作 / 104

积极创造友情与爱情的联姻 / 106

爱需要主动表达 / 107

互相吸引是彼此靠近的先决条件 / 109

不敢正视爱情的人是无法成功的 / 110

爱情与婚姻的准备

生活中不能将伴侣理想化 / 114

维持温饱,所需其实很少 / 115

克服动物的本能才称之为人 / 117

婚姻是相爱,不是找个"搭子" / 119

抚育生命是关心人类利益的表现 / 120

理想的婚姻需要共同的努力 / 121

婚姻也需要准备和学习 / 123

浪漫的爱情与细碎的婚姻

爱不贵亲爱,而贵长久 / 126

婚姻比爱情更细致也更长久 / 127

婚姻需要理解,爱情需要信任 / 129

经济独立才是女人真正的独立 / 130

做家务也是情感的表达 / 132

家庭女性应该获得更多的尊重 / 134

温暖的家是永远的避风港

婚姻生活中不应过分强调金钱 / 138

家庭生活不需要权威 / 139

婚姻中没有谁更优越 / 140

婚姻需要双方最真挚的奉献 / 141

婚姻是双方共有的忠诚 / 143

幸福的婚姻也要彼此的磨合 / 145

伴侣就是你生活上的合伙人 / 146

家庭是事业的摇篮,事业是家庭的依靠 / 148

1 爱是艺术

爱是一门可学习的艺术

爱虽然是艺术,好在天赋之外可以学习。

现今社会,大多数人认为爱是一种运气,失恋了,离婚了是流年不利;在爱情中屡战屡败是爱情运不好;一直单身的也许是孤星入命,不适合与人恋爱或建立关系。也有人认为,爱情是命中注定的,生命中的爱情都是由月老牵红线或红鸾星降临得来的,不必强求,也不必努力。但是,如果说爱是一门通过学习才能得到的艺术,如同书法、绘画一样,你会相信吗?

或者,你一直以来只是把爱当作一种偶然产生的强烈感觉,能令人心旷神怡。感觉虽是爱的第一步,却不是终点。而爱则是一个漫长的过程,需要你不断地去学习,不断地磨炼自己,和世上任何一种艺术或技术一样，爱也是理论与实践结合的产物，这二者在学习爱时缺一不可。你不可能第一次拿起画笔就能绘出惊世巨作，也不可能随便拿起手术刀就能治疗患者的病痛，这样的事实对于爱也是一样的。

爱不是随随便便就会降临的福祉，也不是上天的安排、命运的酬答，爱是一门可学习的艺术，只有具备了爱的知识，并愿意为之努力，才能在爱的领域里臻于至境，成为大师。

爱是人性，也是本能

动物身上也有类似爱情的东西，但那只是动物的部分本能。

在自然界，动物的身上有一种本能，是一种类似于爱情的东西。这种东西作为动物的一种本能，只是为了完成繁育后代的需求。为了让刚出生的幼仔能够在一个最适合的环境里生存下去，动物在长久以来的进化中给自己设定了一个特定的时期，只有在这段时间他们才会去寻求配偶、生育后代。但是作为高级动物的人，在很大程度上改变了自然的生存环境，可以在任何时期生育后代，那种动物的本能只能在人的身上看到一些残余，人们延续这一本能的残余，添加进热情、专注、温柔和理智，将它发展成了爱情。

由此我们也可以看出，爱情是在人生而为人这个基础上产生的，但更重要的是，我们不能简单地将爱情划入生理需要的领域，它更多地代表着心灵的契合，精神的相融，同时还交织着相爱两个人对彼此生命的一份承诺，也是将自己交付他人的一份勇气。正因为爱情是生理与心理、物质与精神的完美组合，它才能让人类世世代代念念不忘，前仆后继地用各种方式探索它，歌颂它，体验它。

爱没有什么所谓真谛

如果爱有所谓的真谛，那就是用心去爱。

我们每个人都曾在爱中摸爬滚打、浮浮沉沉，最后不知所终，然后就开始四处寻求爱的真谛，希望能从中获知关于爱的一切真相。其实，爱哪有什么真谛可言呢，"爱是什么"这个问题悬而未决如此之久，到了现在，却也只能说出"爱不是什么"！也许这才会让越来越脆弱、迷茫的人们更贴近爱，更懂得爱。爱不是简单地遇到一个人，接受一个人的爱，和一个人建立某种关系；爱也不是一种可遇不可求的美好感觉；也不是一种任何人都可能感受得到的生活情趣。如果你想把爱看作是一件身外之物，与你自己的成熟度不相干，那更是大错特错了。

之前我们认识爱、了解爱都是在沿袭过去人们所摸索出的爱的道路，我们以为对一个人表白自己的爱是件非常容易的事，以为每个人都能很轻易地付出自己的爱，并能随时随地对自己的爱产生信心。但爱并不是我们所看到的那种简单的显现，它是一种可以转化为强大能量的力量，从最基层的感情出发，带给我们生命最丰盛、最有价值的体验。莫再求什么爱的真谛，安心踏实地交付你全部的爱，自然会有收获。

爱就是以生命承诺生命

爱就是用生命去温暖另一个生命。

我们置身于同一个世界之中，却又在心理上感觉如此生疏、遥远。我们都珍惜着自己的生命，珍惜活在这世上的每一分每一秒，对旁人却少了关心和眷顾，多了冷漠和麻木。我们为了缓解寂寞、消除孤独感，找一个符合条件的人来做伴，建立起一种长久的关系。这就是大多数人的生活现状，也许安全无虞，稳妥扎实，却因少了爱的进驻，而略显冰冷、乏味。

也许这时，你会发出疑问：珍惜自己，与人恋爱，其中难道就没有爱的成分？其中确实有爱的成分，但并非完全意义上的爱。在心理学家弗洛姆看来，爱是一个人决定以他全部的生命去给另一个生命承诺，完整又毫无保留。这份以生命承诺的爱不会为任何外在的事物所左右，它是一门攸关生命的意志的艺术，是生命意志最完整的体现。

当我们真的爱了，会全然地信赖那个被我们爱着的生命，将完整的我们交付于彼，并希望在对方身上也能唤醒与我们相同的情感。而现实中的人们常常是通过那些被定义为爱的表象来看待爱，或是带着其他的目的去追寻爱，未看清爱的真面目就随意地给爱下了定义，最终只能与爱失之交臂。

真爱"漫无目的"

真爱唯一的目的,就是真爱本身。

"你为什么会这么做?""你说你有什么目的?"电影里,生活中我们都会听到类似的对白,发问的同时带着一副戒备的表情。我们生活在一个怀疑的世界里,我们面对的信息夹杂着太多虚假、夸张的成分,以至于我们相信没有什么平白无故,一切都有目的。

在人生路上摸爬滚打,自有诸多不易,为了能站直身子走得更顺畅,我们都会带着某种目的去接近别人,以期完成自己的目标。只要不给别人带去伤害,这种带有目的性的行为就无可厚非。有的人因此而对社会、对人性悲观失望,对一切都持怀疑的态度,即使有人真心爱他,这份爱也要被他衡量再三。其实，大可不必如此。

在这个世上，若有什么是没有目的、不带企图的，就只有爱了。爱不是为了什么，它只是作为人类表达自我的一种方式，并能帮助我们充分发挥我们自身的力量。在一种以功利、消费为企图的文化中浸泡得够久，以至于我们丧失了认识爱、相信爱的能力，才会在面对真爱时，用戒备之心将它推得更远。

学习爱这门艺术要主动

我们要像学习音乐、绘画、建筑和医疗等艺术或技术一样，主动学习如何去爱。

你可能会大方地承认你欣赏不了高雅的古典音乐；连圈圈都画不圆，是个绘画的门外汉；看不懂纷繁错杂的建筑图纸；也写不出医生处方上的拉丁文，却无论如何也不想承认自己不懂得爱和爱的艺术，也许你根本还没认同爱也是一门艺术。

其实，爱和音乐、绘画、建筑一样都是艺术，自然也和它们一样，要想成为个中高手，最后成名成家，就要下苦功夫去学习和修炼——掌握理论，付诸实践，并要时时练习以免生疏。也许为了掌握一门乐器，你从小就开始辛苦地练"童子功"，此时，听到连爱也需要这样的练习，难免打怵，想要退缩。可是，就算你钢琴十级，大赛获奖证书等身，人前风光无限，在其他艺术的道路上顺风顺水，但这又能证明什么呢？最终你还是在爱这门艺术的领域里一败涂地。

爱是值得我们苦心费力的东西，它有着比其他艺术更包容、更丰富的内涵，自然也会比其他艺术带给我们更多的惊喜与成就。像学习其他的艺术那样，主动地去亲近爱，认真地去学习与爱有关的一切，它会带给你更丰沛的回报。

发现爱，创造爱

爱是自我发现的通道

爱能通向他人的心房,也能通向真实的自己。

爱是一条漫长的路,而且前后左右布满了不同的方向,所以,我们很容易就会在爱的道路上停滞不前或迷失方向。迷失、徘徊得够久以后,我们都需要一个人来引领我们找到方向,走出迷宫。

《诗经》中所说的"惠而好我,携手同行"就是爱情最美好的状态。你可以想象,和一个人携手,带着对彼此的爱和尊重,一同走在路上,不是谁依附谁,而是平等地并肩前行,互相支持,又能彼此深入。我们生命中暗藏着很多巨大的谜团,只有爱情才能给我们最完整的解答。

弗洛姆认为,爱情带给我们知识,带给我们

力量。当我们处在爱情中,处在和他人结合的过程中,为他人奉献时,深入地了解他人时,我们就会渐渐地找到自己,发现自己,好像生命从未有过这样的清晰与笃定。而且,在这样清晰而笃定地认识自己的过程中,我们还会发现,一段关系中的两个人是不同于单独两个人的一种存在,也不同于一个人的存在,进而我们就会发现人的价值,并对人、对关系有了更多不一样的解答和珍惜。

孩子不懂爱

孩子不懂爱,他们只是希望无条件地被人爱。

曾有长者慨叹:婴儿无情。这句话说的没错,人初降世间,宛如一张纯白的纸,懵懂无知,任何礼数、知识都需要学习;又好像一块璞玉,不成形未成器,任何心性、气质都有待开发。

八岁以前,我们根本不懂得什么是爱,更不

会知道如何去主动地爱人，只是在无条件地获取爱，被动地接受他人给我们的爱。因为我们不能独立行走，不能照顾自己的生活起居，不能表达自己，所以只能依靠那些爱我们的人，并在各种爱中安然地成长。

随着我们渐渐长大，我们心里会有一种清楚的认知："妈妈对我好，爸爸对我好，爷爷奶奶对我好……很多人都喜欢我，并对我好。"并会因这种认知而产生一种喜悦的心情。但是一直到十岁，我们都会处在这种对爱和主动去爱的蒙昧状态，仍然要不断地从爱我们的人身上汲取爱，并希望自己能够无条件地被人爱下去。这没有什么错，我们只是处在爱的最浅层，只拥有了感恩的能力，却没有发展出爱的能力而已。

爱让人成长

成长就是懂得：从"被人爱"变成"爱别人"，乃至于"创造爱"。

当年岁渐长，经验渐丰，我们就会慢慢地认识到，除了父母等亲人会无条件地照顾我们，对我们好，爱我们之外，其他人都不是非爱我们不可的。这时，我们也会意识到，要想拥有更多的爱，或是想让人长久地爱自己，就要通过自己的努力去唤起爱、获得爱。我们会努力让自己变得有礼貌，并且衣着干净、整洁，或是努力学习，取得好成绩，获取别人的称赞和关爱。我们还会在父母生日或过年过节的时候，给他们画一幅画，做一张卡片。

殊不知，此时的我们在爱上面已经开窍了，

我们学会了表达内心的方式，开始知道用自己的方式去回报别人的爱，并让他人也能感受到自己的爱。这时，爱对于我们不仅仅是之前所认为的那些需要和照顾，它也唤起了我们内心同样的感觉。我们心中关于爱的观念被改变了，从"被人爱"变成了"爱别人""创造爱"，于是，我们就需要为这种刚被唤起的新的感情找个出口，将它表达出来。

激情是发自内心的热爱

真正的激情持久而又恒定。

在不断前进的人生中，凡是看得见未来的人，也一定能掌握现在，因为明天的方向他已经规划好了，知道自己的人生将走向何方。留住心中的"希望种子"，相信自己会有一个无可限量的未来，心存希望，任何艰难都不会成为我们的阻碍。只要怀抱希望，生命才会充满激情与活力。

激情并不是人们通常以为的那种短暂的、强烈的爱。真正的激情是人类生命中一种神圣的体验。它是生活中特别的火花，是滋润着有生命万物的精神河流。激情使发展的力量始终保持在最前沿，它是上帝赐予人类的动力。对自己的生命充满激情和幻想的人，会不断地超越自我，但前提是他真的理解了关于爱的一切。

真正的激情不仅仅是一时的感情冲动，也不仅仅是面对心爱之人的一种兴奋，而是一种对于人、事、物本身的发自内心的热爱。如果缺少了这种热爱的信念，那么激情也就变味，失去本有的价值了。真正的浪漫也是如此，并不限于日落宴会和夫妻恩爱。真正的浪漫来自我们对所爱的每个人、所做的每件事的热忱。当我们通过爱的学说理解了爱的力量，就会自然而然地用一种饱含创造性的激情去爱人，去生活，并饱尝它带给我们的美好。

爱能持续不断地产生爱

爱是一种产生爱的能力。

一直以来,人们都习惯把爱看作是一件很简单、很轻易就能做到或得到的东西。我们也都一厢情愿地认为,爱只不过是一种能够去爱别人的能力。其实,这样的想法从根本上就小看了爱,爱的能力完全不止于此。

就像上古初民以物易物,互相交换他们生活所需的用品一样,爱就是用它自身去唤醒爱,而爱人者不但自身具备了生命力和爱的能力,他们还会用自己的生命力去激发别人的生命力,用自己全部爱的能力去引发另一个人爱的能力,最终使这个人也变成一个具备爱的能力的给予者。

正是因为爱具备这样的特殊能力,才显得如

此弥足珍贵；也正是因为这样，我们才会呼唤世上的每一个人都能够献出一点爱，让爱来唤醒爱，世上就会因爱而联结成一个圆满的整体。而从小处着眼的话，两个人之间的爱情也是这样，你对一个人怀着满腔的爱情，并用这份爱情去温暖他，关心他，人非草木，他自然也会回报你同样的爱情。所以，正如弗洛姆所说，爱就是一种能够产生爱的能力。

爱的力量就是存在的最好证明

爱能带来前所未有的能量。

岁月可以消磨掉一切，两个人在一起很多年以后，总是很难分清维系在两人之间的到底是习惯还是爱，或者只是一纸婚书带来的法律约束。生活琐事磨耗掉之前的激情和狂热，在如止水般波澜不起的日日相处中，也许，你会觉得之前那充满火花和心跳的日子恍如隔世，反观眼前平静的一切，以至于觉得好像从前根本没发生过，于是，我们都迫切需要找到一些证据来证明爱的存在。

两个人在一起也许是命中注定的缘分，而两个人之间有着怎样的相处模式则更多的是选择的结果。在一起生活的两个人怎样开放自己的心，或是向对方开放心的程度大大地影响着两个人关系的深度，而在这段关系中两个人的生命发生了怎样的变化，彼此又因对方而获得了哪些前所未有的力量都是用来证明爱是否存在最好的证据。如果你还在迷茫于是爱还是习惯，不如静下来，细细地回味你们一起走过的那些路程，认真地感受这么久以来因为一个人你所发生的变化、得到的成长，也许你就会真切地感受到自己正在爱着，也正在被另一个人爱着。

爱的能力随环境而变

爱无法脱离环境，环境在变，爱也在变。

爱从来不是一件简单的事情，不是一种与生俱来的特定基因，更不是上天恩赐的福祉。爱需要不断学习和锻炼，是一种只有那些成熟又有创造性的人才可能具有的能力。孩童一出生做得最多的就是模仿，模仿他看到的、听到的和感受到的。所以说历史是不断重复的，人们都热衷于模仿和因袭，新的发明创造也不过是在模仿前物的基础上进行的优化和改良。什么都可以被模仿，连爱也不能避免。

纵观千年文明史，你会发现，不同的社会人们爱的方式不同，从每个时代所留下的那些歌颂爱情的文学作品就可以看出端倪。由奴隶社会底层民众创作的《诗经》保存着中国最美、最热情的爱情篇章，"一日不见，如三月兮；一日不见，如三秋兮；一日不见，如三岁兮"。可见那时的人们在表达爱情上是多么的自由而大胆；再到汉朝，又有《上邪》这样的海誓山盟；到宋元之际，诗人也在呐喊"问世间，情是何物，直教生死相许"；到如今，爱情不再如从前那般至高无上、令人肃然起敬，现在的人们或调侃爱，或嘲讽爱，或逃避爱、不相信爱，整个社会对爱的正面宣传敌不过人们在社会中学习到的冷漠和麻木，于是，爱的能力在现代社会渐渐消失。

爱是流动的盛宴

爱是给予，不是接受

爱情首先是给予，而不是接受和获得。

给予爱是生命最丰沛的感受。常言道："送人玫瑰，手留余香。"在每个人的内心深处都渴望受到他人的重视与关怀，哪怕是一个陌生人的爱也常常会让人感动半天。

心理学家研究发现，那些善良、怀有爱心的人通常都活得比较充实、平和和幸福。对于帮助别人的那个人，他的心里应当是快乐而满足的。用心爱人，也许可以得到物质上的回报，但这并不是爱人者最原始的目的，否则这种爱也是一种变质的爱。爱人者之所以快乐，完全在于他精神上的收获，一是给予爱后的自我价值的实现，二是接受爱的人的感激回馈，这种回馈更多体现在精神上对爱人者的肯定。无论哪种,都能让人心灵愉悦和富足。

我们始终相信,爱的力量能够使灵魂从心底深处觉醒,也能够将生命的妙处发挥到极致。当你的心中有爱的时候,你和周围世界一分为二的界线就会消失,凡尘俗世里你我的区分也不会再存在,你也将会体验到完整的自我。因为爱就是一个圆,而我们每个人都是圆上的点,在传递爱的过程中,也享受着爱的抚慰。同时,爱也是一种积极的情绪,它首先应是给予而不是接受。

被爱是一个机会,而爱是一切

很多人不懂得爱可以创造一切,爱能唤醒爱,去创造新的世界。

我们在生活中常会看到,有些人花大价钱买来各种衣服、首饰去装扮自己;有的人戴名贵的手表、开高级的车想要彰显自己的身价,他们这样做一是为了满足虚荣心，再就是为了让自己变得可爱，好吸引别人的眼光。

人们总是错误地以为，自己只要有了这些外在就能够变得可爱，就能够获得更多人的爱。其实，这是对爱最肤浅的曲解。这些人不懂得爱和付出爱的重要性，他们认识不到爱是可以创造一切的，只是一味地在思考如何被人爱。

由此可以看出，现代很多人都把被爱看成是一次机会，和参加一次面试、得到一份订单一样的机会，只要能够完美地展现自己最好的一面，那么这个机会就等于是抓住了，这个生意就做成了。这是多么可笑的想法啊！爱从来就不是一个机会，而是一种创造性的行为。我们可以用自己的爱去唤醒别人内心的爱，从而会创造出一些完全崭新的，世上从未出现过的事物。这就是付出爱之所以重要的原因。

别把爱情当作永久的避风港

不能因为真实的世界总有风暴,就躲在避风港里不出海。

许多恋爱中的人都只不过是在寻找一处能够远离尘嚣的庇护所或避风港。在那里,即使他们清楚明白自己并没有什么值得别人羡慕与称赞的地方,但还是自信地认为自己能获得别人的羡慕与称赞。他们在这个庇护所里过得很安然、很恣意,他们不愿意去想别的,认为两个人的世界就是全部,就像埋头沙堆的鸵鸟一样,不去正视世界的真相。而当外面的一切对这两个人的庇护所产生冲击时,他们就会不安、害怕,甚至会发出攻击,这又像刺猬一样,竖起周身的硬刺以保护柔软的内里。这个庇护所不只是两个人的避风港,更是他们用来和全世界对抗的一个同盟,他们只关注一己之私,越来越狭隘地活在自己营造的安全无虞的假象里,但是他们却自欺地以为这种自私和狭隘就是爱情。其实这不过就是两个人的自私。

爱情并不是让人们只专注于两个人的小世界,爱情带给人们的是更广阔的视野,更包容的心境。所以说,你爱一个人并不只是爱他,以及和他有关的一切,而是通过爱这个人而更加爱这个世界。

努力得来的爱让人缺乏安全感

通过努力得来的爱常常会使人心生疑惑,害怕自己只是被人需要,而不是被人爱。

如果你一直爱着一个人,但最开始,并没有得到他的青睐,你就不断地努力,时刻想着他,对他好,照顾他的生活,为他做了一切你所能做的事情,直到他终于愿意接受你,和你建立了一种恋爱的关系。可是当你们真的在一起了，你却发现，你除了在这份关系中感受到了爱情的甜蜜和美妙之外，还总有一种隐隐的不安和焦虑。有时，你禁不住会想：他是真的爱我吗？还是因为我苦苦追求他，他不得不爱我？也许他以后还会爱上别人？你的头脑里会出现很多这样的问题来折磨你，让你觉得灰心丧气。

很多时候，人们会对自己努力得到的东西过分地在意和珍惜，生怕长久的努力付诸东流，自己会受到伤害。在爱情中也有这样的事情出现。我们常常觉得爱一个人，在他面前自己就会是卑微的，他对你有了一切权力，你却什么都不能要求他，于是，不安全感就产生了。

爱要共享，还要交流

当你决定与他人分享生命，才会懂得真爱的力量。

不知道你在生活中是不是也有同样的体会：太强的自我是一座牢笼。一个想要尽情地享受生活乐趣的人必须从自我这座牢笼中逃离，而想要逃脱这个自我的樊篱，就必须拥有真正的爱。爱就是让人体验共享生命，交流生命的乐趣。它能让人充分地发挥自己的内在能动性去进行一些具有创造性的活动。当一个人决定与别人分享他的生命，或是他决定与一个人相爱，那么他就已经超越了个体的存在，就不会再需要做什么来抬高自己的或他人的形象了。

但是有一点不要忘了，我们不但要共享爱，还要与人交流爱，因为仅接受别人的爱或仅一味地付出都不足以使爱发挥最大作用，还应该把这接收到的爱释放出去，给予别人以爱，让爱处于一种流动的状态。而只有当付出与接受这二者平等时，爱的作用才能得到最大的发挥，我们才会产生爱的动力。

愿意为之努力,才是爱

你会爱上愿意为之努力的人,也会为自己所爱之人而努力。

当我们爱上一个人的时候,心中通常都会升起一种对自身、对未来的强烈热情和愿望,我们都希望自己能够变成更好的人,希望自己能给爱的人更好的生活,希望两个人能拥有更好的未来。一时间,整个世界因为一个人好像全变了样,而我们在这些变化中却甘之如饴,因为我们心中充满爱情,所以在面对当下时就会充满了干劲。

其实,爱就是这样一股神奇的力量,因为爱上一个人,我们就会希望自己的生命能够不断地丰富、扩张。而通过这个人,我们觉得自己能够看到全世界,甚至能看到未来,这就越发显得那个人弥足珍贵,值得我们为之努力。

爱就是在体味人生,也是对我们存在意义的肯定,通过一个人的存在,我们清晰地看到自己的局限和弱点,但我们会从中得到成长,通过与对方相处,我们就是在不断地进行自我修行。这都是因为我们爱的那个人是我们愿意为之努力的人。这也是爱最重要的意义。

爱就是愿意为之努力。你爱那些你愿意为之努力的东西,同时,你也会为你所爱的东西而努力。

理解爱，学会爱

排斥爱的社会终将毁灭

爱是人类的本能。

现今社会物质极丰,节奏极快,选择极多,人们的目光也顺理成章地急速变换,从此到彼,倏尔又跳过此,投向未知。生活在这样的社会中,渐渐地,我们丢了一些东西,我们的脚步就像踩在云上,不得踏实。到底丢的是什么,让我们失去了安身立命之根本呢?这就是爱。

在那个圣人辈出的年代,爱是人类最常用的语言,"仁者爱人"的道理作为社会正统思想,传唱了几千几百年,直至今日,渐渐式微。爱是人类最基本的需求,更是人类得以繁衍生息,永不消亡的保证。但是,看看我们的周围,你会悲哀地发现,很多旁的东西占据了爱原本的位置,人们不断在追求爱以外的东西：金钱、车子、房子、地位和成就感。爱在这样的现实中得不到发展，还要不断地给这些东西让位。

爱是对人类存在这一重大问题唯一合理又令人满意的回答，如果一个社会开始排斥爱，让爱不得发展，那么它最终一定会枯萎、腐烂，一直走向毁灭。

爱不是一个字，而是一种关心

爱是一种自动生发的关心。

人类语言经过这么多年的进化和演变已经有了很大的发展，我们每个人都能说出、写出一些很美丽、很动人的爱的语言，但是人的心好像并没有随着语言一起，发展到这种丰盛的状态。被现世生活折磨、束缚已久，我们的心都学会了掩饰，并有越来越钝化和冰冷的趋势。生活中又有很多事占据我们的心神和精力，我们在顾好自己的同时，就很难再去关心别人、顾及别人。正因为这样，很多人都在痛心地感叹：人越来越冷漠，爱越来越少见。

爱情其实就是一种积极的、热烈的关心，是我们对生命、对生活、对所爱之人、对所爱之物产生的一种关心。其中有一种蓬勃的、充实的感情，我们的四周都能轻易感受到这种关心的辐射。如果一个人口口声声说爱另一个人爱到多深，却对这个人没有积极的关心，仍然是完全自我地活着，那这份爱就只不过是一种情绪，而与爱情无关。如果真的在爱了，你的眼、你的耳、你的一切感官和精神都会放在你所爱之人身上，忍不住去关注他的一举一动，难以对他漠不关心。

爱他就要尊重他

如果爱情中没有尊重，那么，责任心就很容易变成控制别人和奴役别人的工具。

在现实生活中,很多人口口声声地说着爱,其实根本不懂得爱,更有人假借爱的名义对别人进行肆意的伤害。我们常会看见有人振振有词地说:"我爱你,不尊重你,不信任你又如何?仅仅有爱不就够了吗?"如果爱是真的如他们所说的那样轻描淡写,无关其他的话,就不值得人们为它努力了。

虽然说尊重一个人不一定会爱他,但是爱一个人就一定要尊重他。你爱一个人并不意味着就对他有了一切的权利,你爱他也不意味着你就是至上的施舍者。不管怎样,你们都是平等的人,要受到平等的对待。

尊重就意味着你必须按照一个人本来的面目去对待他,你看到这个人的独特性,并愿意尊重这份独特性,而不企图将它变成你想要的样子。而且,你还能够允许他按照他自己的本性成长和发展,只是关心他而不干预他。这一点对每一个独立的生命来说都是非常重要的。正如弗洛姆所说:"如果爱情中没有尊重,那么,责任心就很容易变成控制别人和奴役别人的工具。"试想一下，如果爱情中没有尊重，两个人的关系将会埋藏下怎样的危机。

总之，爱是我们一生的修行，相爱时互相珍惜，相处时互相尊重，即使将来没能走在一起，这份爱就已经是一生一世的珍藏。

爱情中不能缺少了解

用他人的眼光看待他人，才可能真正地了解对方。

有一位剧作家曾这么说过："在我们的一生中，遇到爱，遇到性都不稀罕，稀罕的是遇到了解。"如果你不了解一个人却信誓旦旦地说爱他，那么这份爱就不值得信任。

有的时候，我们不得不承认，我们都活得过于自我了，在与人交往过程中，我们很多时候都是在"以己度人"而不是"设身处地"。我们常常用第一人称来表达自我，专属事情，"我觉得……""我想……""我认为……"很少有人能真正地站在对方的立场，设身处地地为对方着想，去探究为什么他会这样做，他的想法是什么。

　　了解在爱情中至关重要，它并不是说只要对一个人一知半解就足够了。真正的了解是指要深入对方的内部，深刻探究对方的一切。要想真正地了解一个人，我们就要像弗洛姆所说的那样：将自己的兴趣偏好、个人成见都放在第二位，而试着去用对方的眼光看待他。

　　如果我们对一个人没有任何了解就说对他有着多么深刻的爱，那就只是空谈，是不负责任的，也是不尊重一个人的表现。在爱中一定不能没有深入的了解。

莫把爱错解为被爱

　　生活中的大部分人都会把爱的问题看作是被爱的问题，而不是主动去爱和爱的能力的问题。于是，爱的问题就被错误地解读为如何能够被别人爱和如何让自己变得可爱。

人类天生就需要爱。他们在各种的爱中长大成人。成人之后，依然会需要更多、更大的爱来填补自己的空虚，缓解自己的寂寞，让自己更好地生活在艰难现世。但在这个世界上又有几个人真的懂得爱，了解爱呢？

人类长久以来遵循着一个惯例：以拥有事物的多寡来显示自己的地位和力量。上古时期，捕获猎物多者为首领；封建王侯拥有土地、兵力多者为帝王；到了现代，资产多少是成功与否的主要衡量标准。正因为长久地在此种惯例中生存，人们渐渐地就会用这种惯例和标准看待所有的事物，也这样看待爱。

在大部分人眼中，如何能够被人爱和得到更多的爱是关于爱最大的问题。他们汲汲营营、忙忙碌碌不断地在寻找那些可以让自己变得可爱的方法。于是，成功教育、时尚指导、修养训练、美容美体术等自我修持的方法充斥在这些人的生活当中，他们认为只有位高权重、多金又风度翩翩才能使自己获得更多的爱，却不知，他们正与爱背道而驰。爱的问题是如何主动去爱和关于爱的能力的问题，如果不能以爱唤醒爱，以爱获取爱，就会永远看不到爱的身影。

爱能让人不那么孤单

孤独与人结伴而来，但人终生都在需求爱，从而远离孤独。

我们在安排好自己的生活，做好自己的工作之外，还需要寻求能与我们携手走过一生的伴侣。但是，寻求伴侣这件事究竟是不是找个人陪你一起吃饭睡觉、结婚生子那么简单呢？答案自然是否定的。

人，都是孤身一人降生到这个世界上来的，生来就带有一种难以摆脱的孤独感。从婴儿以啼哭来寻求关爱，到少年调皮捣蛋渴望得到注意，再到我们积极追求所爱之人、希望与人结伴，我们一直都在用各种方式想要摆脱掉这种孤独的监禁。孤独仿佛人类内心最大的黑洞，不远离它，人就不会远离空虚和恐惧，所以，我们常常会去了解一个人，并在了解的过程中对这个人产生感情，希望同这个人结合来逃避自我孤独感。

我们人性中除了逃避自我孤独感这个愿望之外，还有一个同样重要的愿望，就是认识"人的秘密"。我们的神话、宗教、哲学、科学几千几百年以来一直都在探索这个人的秘密，也试过各种方法，得出过各种不同的答案，但好像都不能成功说服所有人认同其中之一。但是，与爱有关的了解却给我们帮了大忙，了解一个人，与这个人结合的过程其实就是认识"人的秘密"的过程，而爱情也必然牵涉其中。

爱是走向成熟的智慧旅程

在一份成熟的爱里面,我们可以看到关心、责任心、尊重和了解。

每一个经历过爱情的人都会渴望自己的爱情能够修成正果,当然这所谓"正果"并不单单指步入婚姻的殿堂,而是说,每个人都希望自己的爱情能够得到升华、进化成为成熟的爱。但什么样的爱才算是人们认可的成熟的爱呢?

在一个成熟的人身上,以及在一段成熟的爱情当中,我们会看到那几个关于爱的要素在其中共存而且相互依存、相辅相成。也就是说,关心、责任心、尊重和了解在一个成熟的人身上全部具足,而且他还会将这些要素全部带进他的爱情关系中。

成熟的人本来就是一种能够创造性地发挥自己力量的人，这个力量自然也包括爱的力量。所以在成熟的人身上我们已经看不到那些自恋的幻想，他们很简单、很务实，不再做着那些想要获得全知全能的梦，只想拥有自己的劳动所得就好。更重要的是，成熟的人会让自己随时保持一种谦恭的态度，不管是对爱，还是对世间的其他事物；也不管是对爱人，还是对无关紧要的陌生人。

敢于追求爱

厌烦是摧毁爱情的真凶

相看两不厌才是爱情的保鲜剂。

你可曾感觉到你的爱人不再像之前那般可以依靠？或者你的爱人变得过于依赖你时，你就开始嫌弃对方，对他感到厌烦？

与一个人处在一段关系中时间长了以后，两个人的内心都会产生一些想法，也就很难再保持热恋时的激情，有的时候两个人也许还会相看两相厌，对对方感到厌烦或有一些嫌弃对方的表现。于是，从前那些美好的优点在今天都变成嫌弃的对象；而从前看在眼里喜在心里的"英雄本色"，如今都变成食之无味弃之可惜的鸡肋。"难道当初是我看走眼了？怎么就是没看清他这么无能呢？""王子与公主从此过上了幸福的生活"，童话的结尾总是到此戛然而止,因为作者是现世中人,自然深谙现世的生存现状。

在现实生活中,有很多恋爱关系还没到七年之痒,两个人就纷纷落入彼此嫌弃的瓶颈期,并会开始自我膨胀,同时企图把对方推得远远的,最后,会说一句"也许我们并不合适,我们之间有很大距离",亲手制造分手的结局。像这种不肯敞开胸怀,因嫌弃、厌烦而失去所爱的人,将是天底下最寂寞的人。

从依赖到厌烦,原来只隔一线,在一念之间暴露或看破。

丈夫嫌弃妻子的身材走了样;妻子受不了丈夫不洗澡、不懂赚大钱;女的嫌弃男的不够豪气在朋友面前丢脸;男的则嫌弃女的只懂依赖、乱发脾气、不够温柔。我不喜欢你太依赖我,你怪我带给你噩运。这样的关系中已经没有了爱,因为正如弗洛姆所说:爱的主要条件之一就是不感到厌烦。

对爱的恐惧让人害怕去爱

真爱无敌。

现代社会人际关系动荡,在爱情上失败早已是司空见惯的事,没有什么觉得丢人或羞于启齿的,而且带着信念坚定的爱情不会惧怕失败。正如有部经典中所说:"爱里没有惧怕,爱既完全,就把惧怕除去,因为惧怕里含着刑罚,惧怕的人在爱里未得完全。"爱一个人不应该患得患失、怕这怕那,而应该细细地品味爱或者被爱带给你的感受。怎样才算是真正地去爱一个人呢?和这个人在一起时你感觉是真实的、不动摇不怀疑的,这就是真正的爱。真正的爱情不需要什么美丽的语言去修饰,因为爱是发自内心的,只有发自内心的爱才是最宝贵的。

这样的话，就算有一天你不爱这个人，你也不会后悔，因为你为自己的爱付出了全部。爱一个人并不单单是指一瞬间的拥有，而是要为对方打开幸福的大门。在爱情的领域，每个人都会发生很多微妙的变化，有时会不知道应该如何去选择，有时又会有莫名其妙的担心。这种患得患失的心态正是一种对爱情的不自信，没有安全感。但是，不相信爱情的话又如何能去好好"经营"爱情呢？爱一个人就要除去害怕和恐惧，放心大胆地去爱。

爱是无条件信赖他人

爱意味着在没有任何保证的情况下把自己承诺给他人，把自己完全地交付出去，并希望我们的爱能在所爱之人的身上产生同样的爱。

很多时候，我们听别人的爱情故事都会感动到不行。那些真实的爱情故事远胜于一切关于爱的空泛的说教、理论和教导。这些故事又会让人觉得，爱是最值得让人信任的，所以管他伤痕累累，管他头破血流，爱了就要行动，把爱说得天花乱坠，或者在脑海中幻想了爱情千万遍，都是没用的，不如带着冲动，带着盲目，带着不顾一切、一往无前的冲劲在爱中闯上一闯。在爱中失败没有什么丢脸或难于启齿的，在爱的迷宫中，谁又不是迷途的羔羊呢？我们只有放开手脚，带着信念，在爱的路上一路狂奔下来。

　　那些带着信念行动的爱都是会花费大成本的爱。人们在其中投下了自己全部的生命，在没有任何担保的情况下，将自己的生命全部地交付给另一个人。可想而知，这是一项多么危险的投资，但是没有人会希望能从这份投资中得到什么翻倍的效益，只是希望能在所爱之人身上唤醒同样的爱就够了。但是，不具备这种信念的人就不可能拥有这种爱。

爱潜藏在生活的细节里

从日常生活中去爱,也从日常生活中感受爱。

有一对夫妻在冷战了20年之后,终于决定结束这段痛苦的婚姻。丈夫在临走前给妻子留下了一个袋子。妻子打开一看,里面装着大大小小十几个药瓶,全是给她治胃病的药。这完全出乎妻子的意料:与丈夫生活了20年,她从没发现他居然有如此细心的一面,这使她大为震惊。后来,妻子总会想起他们之间的事,让她痛恨到非离不可的那个人突然有了很多可思可忆之事。慢慢地,她找到了两人之间经历的一切痛苦甜蜜、遗憾懊悔,并主动去找前夫,希望得到他的谅解。

人真是一种奇怪的动物,当幸福围绕在身边的时候,总是看不见幸福,而一旦幸福远离,才觉出曾经的美好。十几个普通的药瓶就挽救了已经破裂的婚姻,可见细节的力量是多么强大。

要知道,细节是组成幸福的理由。我们也要学着去观察、留心生活中最细微之处,检讨自己不经意犯下的错误所带给爱人的伤害,让爱的信念在细微处充满。

爱的世界没有公平可言

别跟爱人讲道理,爱情里,既没有公平,也没有道理。

古希腊哲学家柏拉图认为,人们生前和死后都是在一个最真实的观念世界里,在那里,每一个人都是一个男女合体的完整的人,而到了这个世界,我们才分裂为男和女两个部分。所以,在人类世界里,人们总是觉得若有所失,并企图找回自己的"另一半"。所以说,在感情的世界里,没有尊卑贵贱之分。无论你是总统还是清洁工,在感情上都享有同样的待遇。倘若你想把自己在社会地位或经济财力上的优越感带进感情的世界,那注定你会成为感情的失败者。

但是,在社会上很多人会在爱中加入一些公平原则、伦理道德的观点。这些观点的介入让爱温暖包容的本性,开始变得冷冰冰。所以我们要想获得爱的能力,并实践爱的艺术,首先就要分清什么是公平原则,什么是爱。爱一个人就意味着你对这个人有一种责任;而公平原则体现的却是你只是尊重这个人生而为人的权利,但并不爱他。如果你爱一个人,你和这个人之间就没有距离,你们就像是一个人一样;而公平对待一个人,你和这个人之间仍然是疏远的,有距离的。这就是爱和公平原则的区别。

幸福和痛苦像一枚硬币

幸福与痛苦本就是一体两面。

弗洛伊德在《精神分析引论》中说，人生有两大悲剧：一个是没有得到你心爱的东西；另一个是得到了你心爱的东西。人生有两大快乐：一个是没有得到你心爱的东西，于是可以寻求和创造；另一个是得到了你心爱的东西，于是可以去品味和体验。

人生要么是有两大悲剧，要么有两大喜剧，而幸福和痛苦本是一体两面的，悲喜剧的区别往往只在于人对待生活的心态，如果我们能换个角度看人生，也许会发现不同的风景。现实生活中，小小的不如意可能会诱发很多的矛盾，久而久之，原本积极上进的心失去了热情，原本和睦友善的人际关系也会奏出不和谐的节拍。

一样的人生，异样的心态，看待事情的角度各不相同，那么结果也不会相同。要是能够换个角度来看生活，并且以一个乐观、豁达、体谅的心态来对待自己，认识自己，不苛求自己，在此基础上超越自己、突破自己，那将会是人生的一笔宝贵的财富。

生活中许多的事情并不尽如人意，我们常常为此埋怨和担忧。其实，生活不可能百分之百完美，幸福快乐与否，在很多时候，取决于你对事情的思维角度和方式。有些时候，不妨换个角度看生活，你就会感受到，生活中的那些苦与累、开心或舒坦，往往取决于人的一种心态，这涉及人对事物的感受以及对待生活的态度。换个角度看生活，你就会坦然地面对生活，勇敢地面对人生。

哲学家曾说，事物都具有两面性。有时我们需要换个角度去看待现在的生活。世间万物皆有利弊，幸福和痛苦本是一体两面，换个角度看人生，我们会有不同的心情，不同的感受。

求取快乐也是心理本能

追求快乐是人的潜意识。

弗洛伊德在《精神分析引论》中说："我们整

个心理活动似乎都是在下决心去求取快乐,而且自动地受唯乐原则的调节。"我们往往为了最终快乐的获得而不断调整着我们内心世界的节奏,快乐至上也是人潜意识中不可替代的原则。

快乐,需要去努力获得。它并不仅仅是物质上的,更是精神上的。但是,它通常又是通过物质来表现的,而它的意义又超越物质本身,升华到精神的高度。所以,它是一种触及人的根本的灵性的事物,就是一种超脱。快乐,更是一种精神,是对事物抱有希望的精神,因此自信、乐观、大方便是快乐。而快乐的因素又有着无数众多的组成部分,这就扩大着快乐的队伍。

在生活中,很多的不快乐都源于自己负担过重,就像是一幢大楼,如果装的东西太多,那么自由活动的空间就会有限。人的心灵也是如此,如果负担过多,自由的空间也会减少。所以,我们应该学会卸掉担子,让自己获得心灵的自由,获得至高无上的快乐。

快乐至上是一种心境,是一种放下重担后的

轻松，是一份追求梦想的激情。人生在世，总要经历各种各样的苦痛折磨，没必要将苦处放大，也没必要怨天尤人，当我们放下心中的包袱，轻装上阵，快乐就会油然而生。这时候，你便会发现天地间的一切都那么美好，风吹鸟唱，草长莺飞，快乐就围绕在身边。

6 拥有爱，超越爱

重要的是品质,不是对象

我们在爱中应该面对的最重要的问题不是爱的对象是谁,而是爱的品质如何。

"对你来说,你所爱的对象是谁,是个很重要的问题吗?"如果有人突然问你这个问题,你也许马上就能回答说:"当然很重要!"确实,爱的对象不可或缺。对象是爱中一个很重要的因素。但是,在爱中最重要的并不是你爱的对象是谁,而是你们的爱拥有怎样的品质。

当我们从小说、电影中得知有爱情这么一回事儿开始,我们就都对爱情产生过幻想,而幻想最多的通常是我们的另一半的模样,希望他有怎样的外表,怎样的言行举止,又有怎样的内涵。正因为我们处在这样对爱懵懂的初级阶段,所以我们总会过多地关心爱的对象问题。

这其实是个误区，阅历丰富又经受过爱的洗礼的人都会明白，有的时候一个人有什么样的外貌举止并不是最重要的。而最重要的是，我们所爱的人可以和自己同步并肩走完长长的人生路。两个人都珍惜这份能够相互扶持的缘分；我们都毫无保留地和对方分享爱；我们都在意的是，在这份爱中，我们彼此的生命会提升到什么层次；我们之间的爱能不能超越关系、时间以及世间一切。这些关于爱的品质的问题，才是最受那些成熟的爱人者关注的。

爱是每个人独有的体验

每个人对爱的感受都不同。

如果你让每一个人给你讲一个他们自己的爱情故事，你问一千个人，会听到一千个不同的故事。现实生活中发生的爱情并不是童话故事中那样的千篇一律，好像是故事模子刻出来的一般，无非是王子公主一见钟情，冲破坏人阻挠，最后过上幸福快乐的生活。

其实，爱是很私人的，每个人都有专属于自己的、独特的体验。这种体验，不但是每个人不相同，连一个人在不同阶段、不同时期都会有不同的体验。我们从儿童期、青春期，再到成人期，每个阶段都或多或少地通过一种或几种方式得到过这种爱的体验。而这些不同的体验带给我们的特别感受恐怕是终生难忘的，要获得这样的体验，我们就要讨论关于爱的实践问题。也正是因为每个人实践爱的方式方法不是整齐划一的，也没有什么统一的方法论作为行为指导准则可供人遵循，人类爱的世界才会这样的纷繁多彩，所以我们都要珍惜爱这种独有的体验。

爱能激发内心的力量

爱能让生活更丰富，也能让内心更强大。

在生活中，我们常常会说："一个人最大的敌人不是别人，而是自己。"这句话强调的就是一个人的内心力量有多么重要。如果一个人对自己、对自己的生活没有任何想法，也不曾想要做出任何改变，那么我们就会说他的内心没有力量，他不思进取，很容易就会被打倒。要知道，爱、理智和正义之所以会在我们生活的世界里存在就是因为人类在不断进化的过程中，不光是生理上有了区分于其他动物的发展，在心灵上也有了长足的进步，并慢慢有了能力去发展内心的力量。毕竟人不像动物，仅仅为了生存而生存，人类是在生活，并赋予了生活很多不同的、有价值的意义。

但是，一个人要如何去积攒或发展自己的内心力量呢？这种内心的强大力量是人们在成年之后就会自然而然拥有呢，还是要人们从小就开始沉淀和积攒？这些都是关于内心力量很重要的问题，其实内心的力量是我们成长最根本的推动力，它要求我们从小就积攒并将它发展起来。因为一个具有强大的内心力量的人，不论在哪里都不会失去自己的方向，也不会失去爱的能力，要知道，爱的能力可是内心力量的重要构成。

信任爱才能产生爱

相信爱的力量，相信自己的爱能产生更大的爱。

现在这个社会里，好像一切都在变化着，一切都会发生变化，也许唯一不变的就是变化了。不要以为这是在玩什么文字游戏，这不过是在陈述一件事实而已。如何能够在这个瞬息万变的社会中好好地生存下去？这可能是每个人都会发出的疑问，答案不一定唯一，但一定是个很合适的答案。那就是我们要相信，我们要在内心保有一份信心，坚信我们的理想，我们的努力，我们的原则，等等。当然了，我们也要相信我们自己。我们要意识到，在我们内在的人格中，存在一个自我，也就是一个核心，只有它是不能够改变的，而且不论环境如何变迁、我们的观点和情感上发生了怎样的变化，它都会在那里坚持着，并贯通我们的整个生命。

当我们谈到爱这个问题的时候，我们也一定要信任自己，信任自己的爱。我们必须无条件地相信，我们所拥有的爱具有能够在他人身上产生爱、唤醒爱的能力。而且，我们还要相信，我们的爱是一种非常可靠的东西，不会轻易地被改变或被动摇。这种对爱所拥有的信心是非常重要的，要一直保持下去。

百折不回地去爱

坚定的爱才能赢得爱。

对于现代人来说,让自己做一个完全的爱人者是一件难以实现的事,人们很重视身体感官的舒适与享受,再也没有人可以像苦行僧那样去履践一项关于爱、关于信仰的信念。

但是,爱仍然是一个迷人、让人不能舍弃的东西,那些沐浴在最好之爱下的人也常常会让人对他们艳羡不已。在最好之爱下的人都向往新的欢愉,而不是企图逃避旧的不幸。因为最好的爱就是为彼此的生命不断地注入新的活力。在爱中,每个人对爱的接受都如此愉悦,对爱的奉献也都如此自然。正是这种互惠式的爱让世界遍布爱的种子,也让每个人都能够真切地体会到世界的无穷乐趣。但世间还有一种常见的爱,这种类型的爱只知道汲取他人生命之精华,而不知回报,这种爱的未来可想而知。我们不必担心自己没有履践爱的能力,只要我们有着足够的勇气能够让自己坚持,并且百折不挠地去爱人,而不是为了那些前程、地位、金钱等世间俗事而放弃或有所屈服,我们就能具足全部爱的能力。

拥有爱的全部能力

爱不能让人变成神,但爱可以让人拥有全部"神力"。

看着题目也许很多人会产生难以置信的感觉,一个人怎么可能拥有爱的全部能力呢?人们通常都认为能够拥有爱的全部能力的只可能是全能的神,其实不然,人类一样可以做到。

我们知道,一个真正有信仰的人会在他的早期进化阶段中就已经确切地表达出了他所要追求的东西，也就是爱、正义和真理。有信仰的人对宇宙或冥冥中的至高存在所体现的各种原则深信不疑。他坚持诚实地思考并让自己生活在爱和正义之中；而且他能够感到，只有能够让人充分地发展自己的力量的生活才是有意义的生活——而这样的生活对人来说也是唯一有价值的现实，是所谓终极知识的唯一对象。

在这样生活了一段时间，并逐渐进化到后期之后，终于他就不会再去谈论神或其他的偶像，或是冥冥中的某种存在，他也不再提起任何人和任何神的名字。这时，他的表现说明：他对人或神的爱就意味着他努力让自己拥有关于爱的全部能力，并努力地在自己的内心实现了关于他所信仰的全部教诲。

在爱中唯一可行的路

人们永远都不可能放弃爱情，所以人们在爱情中只有一条可行的路，那就是要克服爱情带来的挫折，找到受挫的原因，然后再去探究爱情的意义。

爱情是随着人类出现而出现，也将随着人类灭亡而消亡的主题。我们永远都不可能放弃爱情，或完全远离爱情，对爱情敬而远之也不可能做到。即使我们一直都在受着爱情的苦，也只能努力在这份苦中找到属于自己的甜。

作为人类永恒的主题的爱情，在这个世间传承了千年。你可以试想一下：没有爱情的话，我们生存的社会将会变成一个怎样苍白、乏味、毫无生气的人间地狱，而那些传唱千年、只为爱而作的诗词歌赋、小说戏剧，它们的作者也会失去创作的激情和优美的语言，人类文化会因此塌下一边。

基于这些原因，我们在爱情中只有一条可行的路，那就是克服爱情给我们带来的挫折和伤害，同时，也不要忘记寻找让我们受挫和痛苦的原因，并对这些原因进行深入的探究，也许就可以让我们探知爱情的意义。

在爱这门如此博大的艺术面前，我们永远要保持一种初学者的姿态，不断地去学习、修炼，最终，我们才能学会爱、超越爱，满怀信心地在爱情这个广阔的领域里坚定地闯下去，才有可能让自己在爱的路上走得更稳、更远。

7

完美的爱，
不完美的关系

爱存在于关系之中

爱存在于一个人和他家庭以及朋友的关系之中，也存在于他的工作、事业或职业中。

在我们的生活当中，根本就没有完美存在，但我们的心却总是不受控制地想要追求完美。完美的身材、完美的容貌、完美的情人、完美的婚姻。可想而知，这种追求完美的心态最终会受到很大的挫折。有句话说得好："这个世界上没有完美的人，你不是完美的，我不是完美的，但重要的是我们能否完美地走在一起。"

正是因为每个人都不是完美的，婚姻中才会出现各式各样的摩擦，"在婚姻中，没有100分的另一半，只有50分的两个人"，面对生活中那些琐碎的小事，我们要如何自处，如何才能不让爱被这些琐事消磨殆尽呢？其实爱就存在于我们和别人的各种关系之中，和家人、朋友的亲密关系中有爱，和同事、工作伙伴以及平时接触的人之间的关系也少不了爱。

爱就是一种对每个人都持有的态度，也是每个人都具备的性格特征，所以爱必然存在于关系之中。要想让爱在关系中永存，彼此之间应该学会弯曲一下，向对方作出让步，这样才能让两个本不完美的人拥有一段完美的关系。

感情是爱的第一步，但不是终点

如果爱情仅仅是一种感情，就会很容易产生，但也会很快地消失。

现实生活中，很多人都错误地认为，爱只不过是一种情感的冲动，而不是一种夹杂着理性的意识，也不需要逻辑的判断和分析。这样的想法其实是害了自己，会让人离爱越来越远，永远不能得知爱的真相。

　　众所周知,感情是一种非常不稳定、不牢靠的东西。朝令夕改之事在感情上时有发生。很多时候,我们内心那些或爱或恨,或喜或忧的感情可以在一瞬之间完全转换。如果我们也把爱看作是一种感情,那么那些关于爱的誓言和承诺我们还能相信吗?其实,如果爱情真的只是一种感情就不会衍生出那么多誓言和承诺。正是由于在爱的里面还有理性的判断和自主的决定,我们才可能对一个人说出"我会爱你一辈子"这类的誓言。

　　如果爱只是一种感情,那么我们的爱人也会时常感到惶惶不安。他们根本不能确切地相信我们可以永远相爱,而会不停地怀疑是不是我们的爱就要改变了。所以,弗洛姆才会说,爱不仅仅是一种感情,同时也是一种判断和一项决定。

爱情不是价值交换

爱不是贸易市场的商品。

爱在现代社会中渐渐变成一种互利互换的关系。就拿夫妻关系举例来说。夫妻之间的相互依赖、相互支撑、相互帮助常常会被视为夫妻关系和谐的象征。实际上,他们之间也不过是一场价值交换。

有一些女性自身能力不强,在结婚之后就将男人作为她可依可攀的树,作为她生活的全部。这样,他们之间爱的天平就会发生倾斜,这种倾斜会影响夫妻感情的正常发展。同样,男人若能力不如女人,这样的价值交换仍然是不公平的,有着倾斜的隐患。时间久了,婚姻的质量必然会受到影响。把对方看作自己唯一可以依靠的人,会为对方付出自己全部的爱,这是件好事,但有的时候这样的爱便成了一种束缚,甚至会让对方感到窒息。这就是人们用商品和劳动力市场的基本原则来衡量爱时所会产生的后果。

爱不适合套用于其他领域的模式、原则,而任何对爱的误读和曲解都会给人们带去意想不到的痛苦和麻烦。爱根本不问出身,不问对错,不问地位财产、身家性命,只是简简单单地爱着,就够了。

别把婚姻匹配度作为爱的前提

现在流行的这种自由恋爱的方式大大地提高了爱的对象的重要性,而不是提高了爱情本身的作用和意义。

眼下流行着各种相亲交友的娱乐节目,同时还有以保卫爱情为名的解决爱情关系中矛盾冲突的节目也大受欢迎。这些流行的产生都是由于我们的生活被社会的高速发展冲击得七零八落，早已经失去从前那种慢速、恬淡、按部就班的生活。每个人做事之前都习惯定好目标，然后全力向目标奔去，这对自身发展是很好的事情，但是如果这种目标被放在爱里面，如果每个人都给爱情设定好了目标，那么也会是好事吗？

人们通过相亲、联谊、朋友介绍的方式去结识合适的人，不是为了找到与自己心灵相契的爱情，更多的是在寻求婚姻的伴侣。大家在现世忙于拼搏，又不能舍弃成家的责任，只好去寻求一种快速的，会直接导向婚姻的爱情经历，好像这样也更符合社会现状对人类的要求。在这样的心绪情结下，人们都在着重于寻找爱的对象，而忽视了爱本身的作用和意义。这种自由恋爱的方式也就不再是让人可以自由地寻找真爱，而变成了让人们可以自由地选择合适的恋爱对象、婚姻伴侣。

真正的爱情不会被关系左右

到底是没有爱情就分手各奔东西，还是没有爱情也强行维持关系，哪个才是你的选择？

婚姻就像一座围城。城外的人想进去，城内的人却想冲出来。进不去，徘徊遐想，苦闷忧愁；冲进去了，就被生存的种种烦恼和忧愁包围。人生也是一样，我们常常羡慕别人的人生多精彩，自己的人生太黯淡，殊不知别人一样在艳羡你的人生，当你与他人角色互换，就会发现还不如从前。这也许就是人生和婚姻的真谛。爱情也是一样，总是让人左右为难，难以抉择。

我们单就婚姻来讲，事实更是如此。光看各个婚恋网站中逐日攀升的会员人数就可以看出：城外人对城内人充满了热切的向往。而城内人是否果真如城外人所幻想的，在里面过着神仙眷侣般的日子呢？如果城内的日子真的那么多姿多彩，那为什么又有那么多城内人的生活亮起红灯呢？

这是因为所有绚丽终会归于平淡，生活最终会归于柴米油盐的琐碎与真实。结婚以后，才发现"两人世界"其实没有想象中那么浪漫，不仅平淡如水，而且有时还烦琐得吓人，时间长了，竟毫无激情，甚至有的婚姻早早地就触礁了。

究其原因，就是男女在婚后，没有自觉地在意识上做出改变，以适应人生新的阶段，最终导致婚姻关系的破裂，让两人之间存在的爱情轻易地被关系所摆布。

感情很真实，关系很脆弱

相敬如宾，未必是一种夸奖。

"相敬如宾"这个成语曾经是形容夫妻恩爱最好的语言，然而现在，人们对它的评价渐渐发生了变化，人们会想，如果夫妻之间还要像主人和客人一样客气，那不就太疏远了吗？究竟相敬如宾好不好，是不是代表着夫妻关系的亲密？这些问题也许只有那些过了人生数十载春秋的老人才有发言权。当人生的阅历丰富了，我们才可能更加清楚地知道夫妻之间怎么相处才最适当、最和谐。

弗洛姆在《爱的艺术》中说："丈夫理解妻子，赞赏她的新衣服，称赞她的厨艺。妻子通情达理，体谅丈夫的辛苦。这一切说明两人的关系和谐美满，但这两个人一辈子都不可能相互了解，也不可能拥有爱情，只是尽力在使对方感到舒适而已。这样的爱情和婚姻实际上只是为了保护自己不受孤独的侵袭。"

夫妻做久了以后，爱情逐渐变少、亲情逐渐增多，夫妻之间就会需要进行一些有礼貌的沟通，以免任意宣泄自己的情绪，给对方带来伤害。毕竟夫妻之间不像兄弟姐妹有血缘关系，也不像父母和子女那样，有种与生俱来的亲近。一旦处理不好关系，昔日的恩爱伴侣到头来就可能徒留遗恨。但是，如果两个人之间没有深刻的了解，只是为了表面的和谐美满，或是为了让自己和对方在这个家庭中感到舒适的话，这样的婚姻就没有被真正的爱情进驻，只不过是一个保护伞，让自己不受孤独的侵袭。

爱是一项交付生命的决定

彼此交付生命的关系才是真正牢不可破的。

激情总会冷却，唯有平平淡淡的相依相守才是最真实的。恋爱、婚姻是两个人彼此搀扶，彼此依偎的港湾，这期间我们可以有浪漫的故事，有琐碎平凡的故事……经历了生活的风风雨雨之后，彼此会明白，对方是生命中重要的一部分，彼此之间有一种依靠，一种安全感。即使这个社会不再需要你，这世上仍然有一个人把他的全部生命交付给你，并把你当成是他的全部世界。

所有的东西都可以是虚假的，只有生活和爱才是最真实的。口口声声把爱挂在嘴边的人也许并不懂得爱，爱不是甜言蜜语，不是山盟海誓，爱是真实生活中的理解、宽容和相互帮助与扶持。爱是生活中的一份细心的关怀，是人生道路上的一次次搀扶和支持。每个人都希望自己的人生散发出耀眼的光环，都希望自己有一段不平凡的生活，事业上获得惊人的成就，拥有一段惊天动地的爱情。可是当一切光环都消失的时候，剩下的却是本色的生活和最真实的爱。传统婚姻的形成多是基于交付全部生命的决定，也正是这种全然交付的决定给婚姻以安稳和牢固的基础。

无忧无虑只是一种幻想

天真无邪的童年美好得像一个天堂，而天堂不过是成年人的众多幻想之一。

人总是认为天真无邪、无忧无虑的童年时期

回想起来就像天堂，因为孩子的世界没有诱惑，只有永远的纯洁，纯洁得如春之鲜花，夏之艳阳，秋之蓝天，冬之瑞雪。然而弗洛伊德指出，人所幻想的天堂无非是个人成年时的众多幻梦，正是因为生活中我们总是被太多琐事束缚，总会有各种各样的烦恼存在，才会认为天真无邪的童年时期如天堂般美好。在人生的旅途中，琐事难免，这些琐事犹如荆棘丛生的沼泽地，横贯在人们的脚前。许多人受其羁绊而陷入这痛苦的泥潭中。

现代人的烦恼无处不在，无时不有。生活犹如万花筒，喜怒哀乐，酸甜苦辣，总是伴随左右。现在社会充满着竞争，有太多的烦忧，太多的痛苦，也有太多的不如意。自己想要的东西得不到，想去的地方去不了。邻里之间的一次摩擦，同事间的一句传言，乘车中的一次无意的碰撞，酒席桌上的一个玩笑……一个人如果陷入了无尽的小事中，就会像被阵风扬起的尘沙，迷住了享受阳光的眼睛；就像被无形的绳索捆绑，缠绕在烦恼、痛苦之中。

人的世界总是被烦恼包裹着。我们能做的就是保持一颗淡定的心，栖息于大地的怀抱，做绿色的梦，踏实认真地过好每一天的生活。

情如何谈，爱如何恋

"我爱你"的真正含义

"我爱你"不是因为你是谁,而是因为爱上你之后我成了谁。

你是不是总会听到"我爱你"这三个字?在电视、小说、歌曲,你所爱之人的口中,"我爱你"这三个字应该是出现频率最高的词吧。但是,谁能保证每次听到这三个字的时候都能真正地明白其中的真正含义呢。有的人总是太过随意地说出这三个字,而不去思考其中的含义;有的人则简单地将这三个字理解为一个人对另一个人的爱。其实,当一个人对你说出"我爱你"时,他其实是想对你说:"我爱你,我不但爱你身上的整个人性,所有活着的东西,我也爱在你中的我。"这就是真正的爱情所具有的内涵。

真正的爱情需要我们用心去理解，用心灵去感应。因为它是经得起时间、金钱，以及环境考验的。真正的爱情并不是男女双方真心相爱又忠贞如一那么简单，在真正的爱情里，男女双方会彼此映照，会从对方身上看到自己的存在。因此，恋爱中的两个人常常会把自己所爱之人看成自己身心的另外一半，正像一句名谚所说：我爱你并不是因为你是谁，而是因为和你在一起时我是谁。

　　这种爱情才是至高无上的，而在这种爱情中的爱侣才是心灵相通、真心相爱的。爱一个人并不是说说那么简单的，如果你爱得不够深，爱得没有理性，爱不到正确的地方，都不是爱。爱一个人不是爱他的肉体容貌，也不是爱他的身家资产，而是爱他的整个人和与他相处过程的你自己。

"我"加"你"不一定等于"我们"

爱不是简单的"1+1=2"。

性是人类和动物的本能，是人类得以生生不息的重要保障。性也是一种爱的本能，它能够满足人们希望与人结合的要求。性作为人类的一部分，不应该脱离人的本性。如果我们单纯地从生物学的角度去理解性，那么这就是对人性的贬低，也会让人难以理解人在性方面的困惑、障碍。性不但会影响人们的生活，也会改变人们的生存状态，同时，它也能更深刻地影响到人类的内心，以及人与人之间的结合和关系。如果我们从关系这个角度来观察性，就可以更好地理解人类是如何看待性的。性是一种超越肉体的情感，它不但体现了一种生命力的特征，同时也能触动人类内心最敏感的神经。但是，现在的很多人都明显错误地解读了性的内涵。

性的吸引力虽然会在一刹那间给人们带来孤独感消失的幻觉，但是，如果两个人之间没有爱情，那么在这种结合之后，两人之间留下来的依然是陌生的感觉，他们之间的距离并没有缩小，仍属于一对陌生人。正如有人所说，"我"加

"你"并不等于"我们",正确对待性不能忘了爱情。

性爱,看上去很美

放纵欲望,只会加深孤独。

有一个问题在这里要强调一下,我们所说的爱的条件就是先要让爱自己的能量被培养起来,同时,我们还要有觉知和管理自己欲望的能力。这样我们才能拥有爱的能力。

性欲及其有关的行为在人类的生活中充当重要的角色。它戴着不确定的面具,在人类的各种行为中,显露出自己的本色。爱情这个人类最纯洁的事件,却被裹挟着肮脏的交易:它是战争的起因,和平的永恒目的;它也是人们行正事的基点,插科打诨的元素;它也是智慧的根源,是解答疑惑的关键——男女之间的那些事情,归根结底,就是源自于爱情。这在人的各年龄段都可能发生，老年人也无法逃脱它布下的罗网。处于纯真年代的人群，会很容易耽于对爱情的憧憬之中，但在性欲满足之后，便会带来苦恼。

如果你从来没有真正地爱过自己，或真正地感受过那种自由的、流动的恋爱状态，那么你所谓的真正深爱，可能只是一个欲望的陷阱，或是一种对性事无力自控的病态。性爱，只是看上去很重要而已。没有爱情的性爱并不能克服那种由孤独而产生的空虚感，反而会让两个人更加陌生疏离。

爱情不是性满足的产物

情欲算不算爱？

很多人都会有这种疑惑：因欲望而起的爱情，或被欲望主导的爱情，到底算不算是真正的爱情。现代社会离婚率不断攀升，让夫妇感情破裂的原因大多是夫妻生活不和谐，正是因为不和谐的夫妻生活才使得夫妻之间少了融合感，而多了憎恨和厌倦。这样的现状更令人们迷惑，到底欲望和爱情是什么关系。

有一些人为了帮助那些婚姻破碎的、不幸的夫妇，就通过各种渠道为他们提供了各种所谓正确的、关于性态度的建议和说明，还许诺说只要照着他们的理论行事，幸福和爱情自然会重回你们的身边。而这些人的理论的基本思想是：爱情是性生活得到满足时的产物，如果夫妻双方都能够学会如何在性生活上使对方满足，他们自然就会相爱。他们所提出的这个理论完全符合现今社会上流行的一种幻想，也就是只要拥有正确的技术就能轻易解决工业生产上的问题，也能解决人类的问题。他们却没有想到，正确的观点正好与这个相反，爱情并不是欲望的产物。

迷恋不是爱的内容

坠入情网是爱情的迷幻剂。

我们每个人都会渴望摆脱孤独和寂寞,或是想要冲破现实中那些困住自己的牢笼。初坠入情网时那种相融感会给人一种能够逃离现实束缚、摆脱孤独和寂寞的感觉。在我们坠入情网的那一刻,我们的自我界限好像有一部分突然崩溃了,这时我们的"自我"就与他人的"自我"合二为一,这种突破界限之后的情感就好像河流决堤一样奔涌向所爱之人,与他结合在一起。这一瞬间,孤独、寂寞都消失了,取而代之的是难以言喻的狂喜,但这种狂喜的感觉并不是爱。

在坠入情网之时,我们会以为自己感觉到的那种强大有力的情感就是爱。在我们看来这种爱无比强大,似乎有了它就再没有什么能够阻止我们去实现愿望。其实,我们所拥有的这种感觉是虚幻的、不现实的,就像一个两岁大的孩子以为自己能称霸世界一样的不可理喻。

坠入情网时产生的爱并不是真正的爱情,而是一种关于迷恋的幻觉。它唯一的好处就是能够消除寂寞和孤独的感觉,而坠入情网时所产生的迷恋有多深,正好证明了他们之前有多孤独。

情爱有时候比爱情更具迷惑性

人们常常占有身体,却轻易失去了爱。

现代人生活越来越复杂,尤其是在爱情上面,就像我们眼前充斥的这一大堆杂乱难理的男女是非关系。男女交往时,常常是处于一种"你不明白我,我不理解你"的状态,但是他们谁都无法停止这种无止境的爱恨纠缠,以至于让自己错过了许多宝贵的青春岁月。

人们在看待爱情时总是看得不十分真切和客观，所以在对爱的理解和判断上就容易陷入误区和陷阱。一直以来，人们都理所当然地认为性的要求就是和爱情联系在一起的，"因爱而性"和"因性而爱"成了充要条件，能够相互转化代替。也正因为这样的想法，人们在解读两性关系时就会很轻易地得出一些具有迷惑性的错误结论。人们会认为如果两个人在性事上能够达成和谐，并且他们都愿意让对方占有自己的身体，那么他们就是相爱的。这其实是个错误的想法，很多人都是因为过于看重身体的互相占有而失去了对爱的把握。其实，性只不过是爱的一部分。如果你将性当成恋爱关系中的全部，那么你必然会在爱中失败。

真正的情爱必然通过心灵

从来没有纯粹的性欲。

从心理学的角度来看,性的意义不仅在于生理上的需求,更大的程度上是一种心理的需求。正如弗洛姆所认为的,性是一种想要建立亲密关系的愿望和手段。奥地利心理学家维克多·弗兰克也认为:"人的性欲并不仅仅是一种纯粹的性欲,从人的层面上说,它就是性欲转化关系和人格化关系的工具。"

在性爱里加上"爱情的一致",也许可以造就一段美好的婚姻。它以世界上最温和的感情为基础,互相劝慰这是很必然的。然而,这样的结合是在性欲得到满足以后才出现的。性爱总是以新个体为着眼点,肉体、道德、智慧互为补充,如果想要获得幸福的婚姻,则还需要双方的精神特性能够相互协调。因为爱情不能仅仅作为性满足的结果,而应该作为一种性的幸福,在这种幸福中连人们掌握的那些性的技巧都可以作为爱情的结果。

但是,在面对性和爱的同时,我们必须坚守一个原则,那就是,真正的情爱必须通过心灵,不然的话,人们就难以得到长久的关系,也不能满足与人结合的愿望和克服孤独感的要求。没有通过心灵的性不过是一种生理上的发泄而已。

与人结合是了解生命的唯一方式

在与他人结合的过程中,我们会认识自己,认识对方,认识世上所有的人。

人类存在在这个世界上的任务之一就是为了认识生命,了解生命的秘密。人类有史以来就在不断寻求能够认识生命秘密的方式,最后,终于得出结论:与他人结合就是我们认识生命、了解生命的唯一方式。

在与他人结合的过程中,我们会从不同的方面认识自己,认识对方,认识这世上所有的人,但是这显然是不够的。因为与人结合的方式和程度有所不同,所以很多时候我们对生命还是"一无所知"。

其实，我们要想了解生命，并不能通过知识和思想进行传导，也不能通过什么冥冥之中的神谕来指引，我们只有唯一一种可以使用的方式来了解生命的秘密，那就是通过人与人的结合。因为人与人的结合不只是满足人类生理上的需求，更多的是为了满足人类心理和灵魂上的要求。每个人都有想与他人结合的欲望，每个人都有想要爱和被爱的本能，每个人都有远离孤独感的迫切，这些都属于人类的本能需求，我们必须正视它们，并想方设法满足这些需要，这样才有助于我们了解生命的秘密。

构筑爱的圣地

过分估价，爱将变得一文不值

你以为你以为的爱就是你以为的样子吗？

弗洛伊德说，爱是过分的估价。这简洁的一句话似乎在说：当你爱一个人，会高估他的一切。而仔细想想，如果你看透了他的一切，你就不会爱他了，这是临床的看法。

电影《阿黛尔·雨果的故事》中的女主人公是维克多·雨果的小女儿阿黛尔·雨果。活在父亲的光环下的她，在最美好的年纪爱上了仅是玩弄她的军官，并且不顾一切地要嫁给他。她追随他的脚步，一路颠沛流离，甚至为了让他开心付钱给妓女。可悲的是，他始终如弃敝屣一般地躲着她。最后，当他们在狭长的巷子里相逢，可她居然没有认出他来。爱情让这个女人忘了爱人的样子,长期盲目的爱情使得她完全疯了。这个女人的执着,让饱受煎熬的她显得如此高贵。她捍卫自己追寻的东西,哪怕付出的代价是毁了自己。

人也许都有这样的通病,当你爱上对方,便会高估对方,不接受现实也好,为对方的缺点找借口也好,这些只会像阿黛尔一样自欺欺人。如果有一天,你发现你的那个他其实更爱别人,你们所谓的海枯石烂不过是一瞬间就可以灰飞烟灭的事情,或者你坚信并深爱的只是你为了符合自己的想象勾画出的一个美丽躯壳时,一切都结束了。

过分估价,将会使爱变得一文不值。请保持一颗清醒的头脑,为爱重新估价。

尊重女性是男性应具备的基本素质

觉得女人很烦的男人,不但离不开女人,且清醒地知道,没有女人,男人会更烦。

对于女性价值的评价，还存在着很多不同的声音。女性作为社会成员和男人亲昵感情的对象，理应具有独立的价值。但很多女性却长期受到恶意的损害、破坏和贬低。尼采就曾说过："去见女人吗？别忘了带上你的鞭子。"尼采认为，男人应该把女人看作"占有的对象、应该被锁起来的私有物"。瑞典作家奥古斯特·斯特林堡在其长篇小说《狂人辩词》中塑造了一批十分荒诞的女性形象，她们完全受本能支配、自私自利、麻烦无数，小说的结尾仿佛是一声警告："当心女人！"可见，对于女性个人价值的评价，很多人都是将女性当作男性的附属物来看待的。

弗洛伊德也认为，"女人实在令人难以忍受，是永恒麻烦的源泉，但她们依然是我们所拥有的那一种类中最好的事物。没有女人，情形反而会更糟。"这段话尽管武断，总算保留了一些男人的"良心"，至少保留了些许对女性价值的肯定。

尊重女性是一个正常男人所应该具备的基本素质，肯定女性的个人价值，往往是文明的象征。

尤其是在"她时代",请肯定女性的价值,尊重女性独有的魅力。

女性常常低估自己的价值

首先,女性不要贬低自己的价值。

有人说,女人是水,是露珠,很脆弱。就连大文豪莎士比亚也曾说过这样的话:"弱者,你的名字是女人。"但如果你知道水滴石穿的故事,就会惊叹于水的力量,惊叹水的以柔克刚,惊叹水的坚忍不拔,惊叹水执着雕琢世界的毅力。因此,不要低估女人的价值,而女人自身更不能妄自菲薄,怀疑自己的价值,挫伤生活的进取心。

古往今来,不是有无数文人墨客都在赞美女性吗?古人描写女性之美的诗词曲赋,最早的恐怕是《诗经》上的"手如柔荑,肤如凝脂,领如蝤蛴,齿如瓠犀,螓首蛾眉,巧笑倩兮,美目盼兮"了。在容貌妍美的背后更值得称赞的是女性的人生价值，女性在社会中以自己的能力和自信成就了一番伟大的事业，居里夫人用镭元素的发现铸成了科学史上一个崭新的里程碑；中国女排更是以顽强拼搏的精神夺得了五连冠，她们把拼搏的精神化成了一个民族前进的动力，此时此刻的人们便不再怀疑女人的价值。

伟大的女性已经为世界撑起了一片湛蓝的天空，既然如此，女人更应该正确看待自身的价值，增强生活的进取心，在现今激烈的社会竞争中找到自己的位置，发掘自身的潜力，那么你会发现女人将会发出更耀眼的光辉。

生命中最重要的是爱情与工作

爱情与工作，是生命的兼美。

生命中唯一重要的事情是什么？弗洛伊德认为是爱情和工作。我们的生活常被生存、工作、账单、目标挤得满满的，看似这些事情是人生的重点，其实人生的重点是学习去爱。这种爱并不是仅仅局限在爱情方面，而是由这种爱所代表的精神的投入。爱情的甜蜜需要两个灵魂身心的投入，事业的成功需要个人精力的全神贯注的付出，而两者都是自我价值确认的方式。

你的财富或成就只是最终的一个结果，爱却能留给后代，是你能存留在世的最恒久的影响。德蕾莎修女曾说："重要的不是你做了什么事，而是你为这事付出多少爱和精力的投入。"要知道，当生命结束时，人要的不是被东西包围，而是被爱的人包围。当你进入永恒，你必须留下一切，所能带走的只能是你由爱的投入所培养起来的品质。这就是为什么《圣经》说："唯一重要的便是经由爱表达出来的信心。"

生命中最重要的事情首先表现为生存，因此很多人说健康的体魄对生命来说是最重要的，这一点无可厚非。但生命的价值则不仅仅体现在健康的体魄上，通过异性的爱情也能确认自身的价值，通过社会化的事业也能确认自身的价值，只有全身心地投入,且价值同时得到确认,那么人的生命才是完整的,才是有意义的。

积极创造友情与爱情的联姻

友情能变成爱情,是彼此最大的幸运。

爱情与友谊都起源于彼此的好感,都是人际关系的一种表现。在这种人际关系中起主导作用的是感情。彼此性格、气质、志趣、人品的冲突往往会导致人与人相互厌恶;而诸多因素之间的吸引往往会使人彼此喜爱,它导致人与人关系的亲密。弗洛伊德认为,在彼此的接触中,出于欣赏和崇拜的原因,友情的情感联系很容易发展成为爱的愿望。

没人一见面就立刻成为情侣,就算发生了,也会很快分手,因为没有友情作为基础,怎能互相了解,怎能产生感觉,因此一见钟情只产生于梦幻的偶像剧中。有人说男女绝对可以成为好朋友,不一定就会发展出爱情。那是因为爱情与友情往往令人混淆不清。当然亦有人怀疑异性间能否有纯粹的友情存在。当然,强烈的爱慕、震撼心弦的感情很容易区别出来。然而,淡淡的、细水长流的爱情与推心置腹、无所不谈的友情往往只差一线。我们的友情总是在毫无目的的积累彼此好感的过程中成了我们通向选择爱情对象的绿色通道。

友情与爱情的联姻是一种缘分,幸福是掌握在自己手上的,既然身边有一个很好的朋友,那么就要好好把握,从朋友做起,这样相处过后,即使不适合做情侣,至少还会拥有一辈子的友谊。

爱需要主动表达

无法勇敢对待问题的人,也就无法成功解决问题。

至少在传统东方文化的熏陶下,人们对于男

女之间爱情的缔结,通常期望男性多采取主动,先表示出爱慕之意,无论是男人还是女人,基本都有这样根深蒂固的认知,也算是一种群体无意识吧。那么只要这种文化继续存在,男性要想更好地获得爱情,就要学会勇敢地表达爱。

其实对于这种认知,在某种程度上我们是应该给予鼓励的。因为它需要男性养成一种主动、不犹豫、不退缩的生活态度,这恰恰是人类取得生命延续,事业成功所必需的品质。这种生活态度,能够使他们在面对生活问题时更积极,更有勇气和信心。面对挫折首先想到的不是怎样逃避责任,不会夸大困难的程度,退回自己的安全堡垒,而是积极面对,努力寻求解决问题的办法。也许正是这种人们本能的对于男性的要求,才使得男性在社会中较为容易磨炼自己,并由此更坚定地选择道路,直到获得成功。

互相吸引是彼此靠近的先决条件

对彼此浓厚的兴趣是爱情的基石。

两人因为相互吸引才能走到一起,如果失去了对彼此的兴趣,那么爱也就随之逝去了。但是我们要清楚对彼此的兴趣与欣赏,并不意味着我们只能以最完美的姿态出现在对方的眼中,因为没有一个人是完美的,更不可能在生活中时刻保持完美。所以我们只能选择爱屋及乌,爱一个人就要对他的缺点也充满包容。

有这样一个故事,一个女孩同时得到两个人的追求,起初她很难抉择,因为她对两个人都有好感,但她也发现每个人都有缺点,这让她犹豫。她问了很多家人和朋友,都无法得到完美的答案。直到有一天在海边看到一对白发苍苍的夫妻,她决定尝试问问他们的建议。老婆婆听到女孩的困扰后，微笑地看了看身边的老伴后说："真正能牵手到老的恋人，并不是对方在你眼中没有缺点，而是他的缺点是你能包容的，一旦包容了缺点，剩下的只有优点，自然能够白首到老。"女孩顿悟，经过片刻的思考，微笑着离开了。

陷入爱情的彼此，如果能够包容对方的缺点，那么生活中剩下的只是对彼此优点的欣赏，又怎么会不幸福呢。

不敢正视爱情的人是无法成功的

一个人的勇敢程度和能力大小，可以从他对待异性的方式上看出来。

不敢正视爱的人是无法成功的。爱是一个需要极大勇气才敢涉足的领域，从此你将担负起两个人的幸福。

那么对于一个只敢把自己的活动范围限制在

自己家庭中的人，是绝对没有办法得到爱情的。他把自己局限在自己家庭之中的原因，就是缺乏和他人合作的能力，对陌生的世界缺乏安全感。试想，一个自己都没有安全感的人，怎么能给他人安全感。所以对于爱情没有勇气的人，勇敢程度和与人合作的能力可能会受限。他们只把兴趣停留在极少数最熟悉的人那里，因为害怕在与别人相处时，他人不能以他习惯的方式来控制局势。

对于这类认知一般与儿时的经历和受过的教育有关，他们相信愿望被实现是自然发生的，所以不愿意凭借自己的努力从家庭范围之外赢取温暖和爱情。那么在他们的爱情观里，爱人不是与之合作的伴侣，而是仆人。这样的话，他们很容易成为爱情世界的失败者，不能勇敢地迈出自己生活圈子的人，只会无限夸大爱情的难度，或者轻视爱情的魅力。他们只愿活在自己熟悉的氛围里。无论是面对爱情以及婚姻生活中纷至沓来的问题，都会选择这种方式。

爱情与婚姻的准备

生活中不能将伴侣理想化

浪漫的理想会排除掉所有恋爱对象,因为现实中没有什么爱人能达到理想水平。

"金无足赤,人无完人",对于爱情更是不能苛求完美。有的人会想象一种浪漫、理想或不可企及的爱情,这样他们便可沉迷于感觉中,而不需要在现实中找一位伴侣。

有些错误在婚姻开始时便已铸成。在家里受宠的孩子,他在婚姻中往往会觉得被忽视。很多受宠的孩子结婚后会变成大暴君,另一方也会觉得受到虐待和束缚从而开始反抗。两个被宠坏的人结婚,会发生许多有趣的事。双方都要求得到关心和注意,双方都无法得到满足,双方都没有对婚姻的要求做好准备。有些人就开始在婚姻之外寻求更多的关注。

婚姻就像是一袭华美的袍子,上面爬满了数不清的虱子。可惜的是,女人的眼中只有那袭华美的袍子,而不能或者不愿看到那上面的虱子。在甜蜜的爱情世界里,女人编织了一袭华美的羽衣,并将之披在自己所爱的那个男人身上,她们沉醉于自己精心营造的美好幻境中。所以,如果爱情或婚姻中的女人,执着地渴望和追求完美,最后只能让它更不完美。

维持温饱,所需其实很少

动物只要不患疾病,食物充足,就会快乐满足。人也应该如此;然而现实并非这样,至少在大多数情况下并非这样。

罗素认为,对自己的收入是否满足,取决于一个人的生活标准。如果你向来具有俭朴的生活习惯,那么你便不需要太多收入;但如果你热衷于富有奢华的生活，就必须得到很多财富才能获得满足感，否则的话，你将会过得非常痛苦。

我们想要维持温饱，所需其实很少，正是由于过度的欲望导致了不宁静的生活。所谓欲壑难填，人类欲望的空间永远也不能填满。因为人的贪欲无穷无尽，所以人为欲望所苦，也就感觉不到快乐。世界上的物质太丰富了，无论我们怎么追求，也不可能拥有全部。

然而，我们却乐于终其一生去追求物质、金钱、地位、声望、快感等各种各样的享受，所以不断地产生焦虑、恐惧、怨恨等种种情绪。我们的心就是在这样的情绪中挣扎。只要欲望之火还在熊熊燃烧，我们的心智就会被炽热的烈火由外至内地炙烤。

不满足的欲望就像离离原上草，野火烧不尽，春风吹又生。实现一个欲望，下一个欲望又会接踵而至。欲望实现不了的时候便产生了痛苦，而欲望一旦得到满足很快就又有了新的更进一步的追求。所以总是不满足，总会有痛苦。

其实作为小小的个体，我们根本不需要拥有那么多的物质享受，因为它们既不能带来永恒的快乐，更不能带来生命的智慧。快乐和幸福都是建立在满足之上的。

懂得知足常乐，我们就能够在烦躁与喧嚣中，过滤掉不满足的躁动和焦虑，获得一份宁静而从容的智慧。

克服动物的本能才称之为人

我们要思考，如何保障一个人在爱情与婚姻中得到最为完美、最为充分的发展。

人的本性都是贪婪的，而身体中的动物本能更是让人们天性向往多夫多妻，但是这种婚姻形式是初级的、不稳固的。我们从原始的母系社会发展至今天一夫一妻制的确立，是我们社会发展的标志，也是在婚姻中真正坚持了男女平等。

在婚姻中坚持平等并不是说所有家庭义务都

一概而论的平均分摊,而是要夫妻之间彼此尊重,不要有一方领导另一方的模式存在。通常情况下,真正处于不利地位的往往是女性。在我们的这个社会中,在面对社会各种各样的歧视方面,男性无疑要比女性轻松一些。这种情况的产生,源于婚姻中男女地位的长期不平等,个人的反抗是很难克服的。尤其是在婚姻当中,个人反抗既会影响到两者关系,又会影响到双方家庭。只有认识到社会的一般态度并加以改变,这才能得到克服。

有一位底特律的教授,进行了一项调查,发现40%的女孩都希望自己是男孩,这就意味着她们对自己的性别不满。如果人类的一半都失望沮丧,痛恨其社会地位,痛恨另一半人拥有更多的自由,我们怎能解决爱情与婚姻问题呢。所以,要克服人性中动物的本能,真正平等地对待异性,才能保证彼此的情感利益。

婚姻是相爱,不是找个"搭子"

在生活中毫无摩擦的伴侣,比工作上得心应手的员工更难找。

在很多人的眼里,爱是一个非常崇高与无私的东西,它就像春天花草的芳香,冬天白雪的纯净,不能带有丝毫的杂质。但是,当他们处在爱情的关系中时,常会带着一种"结伴"的思想,并会不自觉地认定爱是需要绝对的奉献和牺牲的,是双方彼此交融在一起、不分彼此的共同体。这其实是相当错误的想法,爱不是一个简单的共同体,而应是一个独立的个体。在爱中的双方是对等的,而爱的关系是需要双方共同经营的。虽然彼此间的付出是应该的,但又不是理所当然的。如果把对方的付出视为理所当然,那就会掉进爱情的坟墓。

在感情中还要注意，而且不可效仿的就是无所谓地接受别人付出的爱，认为另一半的付出是理所当然的人，是非常自大而且自我的人。而有的人为了维持关系或婚姻的和谐，会不自觉地压抑自己，最终成为另一方的附属物和牺牲品。这就是受到了主流宣传美满婚姻和爱面子的负面影响。

其实，供我们学习如何经营爱情和婚姻的要素有很多，承担责任，感情公开、忠诚，有高度自尊，对人生持积极的态度，等等。在学习这些之前，我们首先要明白的是，婚姻或者爱情中的任何关系都是由两颗相爱的心结成的，而不是两个不谋而合的结伴思想。

抚育生命是关心人类利益的表现

人类因为关心彼此的命运，才能以巨大的种群数量安然地度过种种浩劫。

生儿育女是人类保存生命的方法之一。因此在爱情和婚姻的问题中,我们发现,能够自发自动地关心人类利益的人,都是盼望要生育儿女的人,在意识或潜意识中对同类很感兴趣,同时也不觉得养育子女是自己的负担。这种人多数都很关心人类的共同利益,他们总是期待,愿意给予,他们喜欢孩子。不把孩子看作是一种麻烦、一种累赘或者一种负担,一种会妨碍他们自身利益的东西。

所以,某种程度上,要完满地解决爱情和婚姻的问题,生儿育女的决心是必不可少的。婚姻是我们可知道的、养育人类未来一代的最佳方法,所有的婚姻都应该记住这一点。

理想的婚姻需要共同的努力

婚姻是一种非常高的理想,解决其中面临的问题需要我们付出很多努力和创造性的活动,身心不健康的人很难圆满完成这个任务。

现实让我们清楚，婚姻并不像我们所想的那样都是纯洁而高尚的。有的婚姻也经常指向不正当的目标。有些人是为了经济上的安全而结婚，有些人是为了怜悯别人，还有些人则是为了要获得一个仆人来服侍自己。但是如果婚姻中的双方在一起生活的过程中仍保持这些目的，那么这类婚姻注定是失败的，不会拥有幸福。

我们都清楚，即使是基于爱情而结合成夫妻的婚姻生活，都是需要双方共同付出很多的努力才能获得持续的幸福。而这种基于一方对另一方的特别需求而建立的婚姻关系，因为缺少爱情这一婚姻生活中最重要的基石，似乎就显得岌岌可危，且不被看好了。这种婚姻关系，是错误的心理目标导致的，是偏离人们内心最根本的人生信条的。而且这种不健康的爱情利益关系，也会成为他们婚姻失败最便于逃脱的借口。

婚姻也需要准备和学习

如果没有经过学习,成人生活所面临的危机是很难应付的。因为我们一直都习惯遵照自己的生活习惯对所面临的问题做出反应。

在各种文学和艺术作品中,我们越来越多地发现"爱情字典""爱情是一所学校,我们永远不毕业"等说法,可见人们已经开始认识到,爱情以及婚姻不是人的一种天生的技能,很多成年人对婚姻这门学问,可能并不比儿童了解得更多。

人对于爱情和婚姻第一个要学习的就是对待它们的态度,如果我们细心总结,会惊奇地发现,很多人的爱情态度在五六岁时便已初具轮廓了。儿童很早就显现出他们对异性的兴趣,并选择他们喜欢的对象,我们绝不可以错误地认为这只是一种不成熟的、胡闹的或者性早熟的表现。我们不应该嘲弄它,或拿它当笑话。相反,我们应该把它看作是他们迈向爱情和婚姻准备的一个步骤。我们不仅不应该制止他们,更应该鼓励孩子的看法,并引导他们将爱情视为一种美妙的工作,是他们应该准备从事的工作,是全体人类都自愿参加的工作。

孩子的心中被建立了一个这样的认知,他们在以后的生活中,就能以良好的教养、真诚奉献的姿态,和异性交往。这些孩子多数在成年后都会成为一夫一妻制忠诚的守护者。即使他们父母的婚姻并不十分和谐,他们也不会受其害。因此,婚姻是需要准备的,不仅仅是物质上,一桩美好的婚姻更多的是心理上的准备。

11 浪漫的爱情与细碎的婚姻

爱不贵亲爱,而贵长久

共同岁月之于真爱,比什么都重要。

生活中,每个人都想获得美满长久的爱情。那么到底怎样做,才能使爱情恒久不变呢?答案其实既简单又复杂,只有经得起风雨,无论苦难或者幸福都不离不弃的人,才能共度一生。永恒的爱情即是共患难的爱情,在最艰苦的时候爱对方越深,艰苦过后,才会感受到更加强烈的幸福。

美国作家海伍德说:"爱不贵亲爱,而贵长久。"只有一同经历过风霜雨雪,才能体会共同的甘甜。很多人在爱之前并不知道爱到底代表了什么?他们只模糊地知道爱的方式,却不了解爱的深层意义。这可能就是有些爱情无疾而终,不能长久地发展下去的原因。

那些能够同甘苦共患难的岁月，自然是承载了丰富的内容。时间能增加许多事物的价值，凡是能明白这道理的人，都能将感情的路幸福地走下去。这就是真爱。真爱其实很简单，只要懂得了它，每个人都会获得自己的幸福。

婚姻比爱情更细致也更长久

让人感觉浪漫的是爱，令人觉得踏实的是婚姻。

婚姻是一座围城。两个陌生的人，因为情投意合，走到了一起，它是爱情的升华，是情感的结晶。但是因为性格的差异，受到教育的不同，夫妻之间总难免争吵和摩擦。懂得体谅，懂得感恩，懂得为对方着想，才是婚姻的幸福法则。

苏格拉底是一个相信爱情的人，但他对婚姻的态度与此不尽相同，他甚至不无幽默地说道："好的婚姻给你带来幸福，不好的婚姻则可以使你成为哲学家。"他认为爱情与婚姻是两个完全不同的概念。走向婚姻的过程中往往少不了爱情,但如果还以对待爱情的态度去对待婚姻,无疑是不明智的。

诚然,由于个人经历的不同,苏格拉底对婚姻的态度不免过于悲观。但以不同的方式去对待爱情和婚姻的观点还是非常值得肯定的。爱情侧重精神的感受,婚姻却是平淡地相处。我们也要适当调整自己的心态,去面对人生当中两个不同的阶段。有些人在婚姻上的失败,并不是找错了对象,而是从一开始就没弄明白,在选择爱人的同时,也就选择了一种生活方式。

实际上,婚姻生活远比爱情来得更长久、更细致、更现实。爱情和婚姻的温度不同,爱情滚烫,而婚姻却温凉。婚姻永远是由无数个琐碎的细节叠加而成的,所以说,琐碎的生活成就了爱情的永恒。在琐碎中发现乐趣,在琐碎中互相谅解,这是成功夫妻的宝典。

婚姻需要理解，爱情需要信任

家庭关系中，别把自己看作对方的警察。

婚姻和爱情的最大不同点是：爱情光靠感情就能维持住，而婚姻不仅需要感情，还需要很多实际的东西，比如经济基础，比如社会认同。爱情是婚姻的前奏，婚姻是爱情的归宿，所以当美丽的爱情走进了婚姻的礼堂，我们都要学会经营，从心底学会善待对方，感恩对方。

毫无疑问，爱人时常需要从捆在他脖子上的爱的锁链里挣脱出来。我们不能因为两个人在一起，就使每个人的生活空间变得狭窄和压抑，互相妨碍各自的生活追求。在爱情的过程中，应该给对方保留应有的个人空间，也让自己过得更加轻松些。爱无须抓得太死，也不必给得太多，多了也会让人窒息。爱本是生命中深挚的关怀与体察，无须刻意去牵扯，越是想抓牢，越容易成为枷锁。爱情就像一门艺术，要用心、用浪漫去调和，才能琴瑟和鸣，水乳交融。

两个人走在一起，组建成一个家庭，虽然文化和性格都可能存在一定的差异，但是只要相互间多一分理解，多一分忍让，我们就会有一个幸福的家。理解对方，就需要我们站在对方的角度换位思考，否则，我们就无法正确地思考与回应，沟通便被阻断。幸福总是来之不易的，所以要时时为对方着想，以感恩之心面对生活，经营婚姻。

经济独立才是女人真正的独立

收入决定一个人的自我感觉，无论男人还是女人。

女人花自己的钱才真正随心所欲，自在舒坦；不依靠男人了，反而会得到他的尊重，男人都欣赏经济独立、追求上进的女人，一无所长，只会倚仗男人的女人是得不到敬重的。

自己才是自己的主人，所以要大胆地往前走，开辟属于自己的道路，而不能倚仗别人的脚步。真实人生的风风雨雨，只有靠自己去体会，去感受，任何人都不能为你提供永远的庇护。女人应该掌握前进的方向，把握目标，让目标似灯塔般在高远处闪光；应该独立思考，有自己的主见，懂得自己解决问题。

女人不像男人那样有强健的体魄和刚硬的性格，在社会中也往往处于被保护者的地位。但这并不代表女人就是弱者，女人虽然柔弱，但却有着男人无法比拟的韧性。不少女人都很向往无所事事不为工作烦恼的悠闲生活，但事实上，工作从来都是人类生活的第一要义，这是我们的幸福之源，也是支配我们生活的力量。

不少女性因为经济上的附庸地位，对男人唯唯诺诺、任劳任怨、唯命是从。这是女性的悲哀，更是女性自我囚禁的结果。女性经济来源完全依靠丈夫的时代已经过去了,女人要想在家庭和社会中立稳脚跟,赢得尊重,必然得寻求经济上的独立。

总之,女人经济独立才能获得真正的独立,才能更快乐地享受生活。许多心理学家都说过,收入决定一个人的自我感觉。作为女性,越早开始追求经济独立,越能够在人生道路上不迷失。

做家务也是情感的表达

谁能够真正把家务看作是一种艺术,谁就能从中获取乐趣。

几乎在世界上每一个地方,即使在高度鼓吹男女平等的西方,女性在生活中的地位也经常是被低估,而且被认为是次要的。因为这种不健康的传统观念,在童年时期,男性就被教育"君子远庖厨"。男性也常常把家务看作是仆役的工作,似乎他们的尊严不允许他们插手帮助做家务。人们经常不把整理家务当作是女性的一大贡献,而视之为"次等阶层"女性应尽的"义务"。把它当作是男性不该做的"下贱"工作。这就导致现代社会中追求自我价值的女性,反抗的第一项工作就是"家务"。似乎只有拒绝了做家务才能证明真正的男女平等,女性才能获得发展自己潜能的机会。其实这也是女性反抗社会歧视的一种极端主义表现。

对于做家务,无论是男性还是女性都应该提高认识。夫妻之间因为家务的分担而产生的矛盾,究其根源,是因为人们将做家务的地位看低,不把它当成是生活中的艺术,而是当成一种负担,产生一种"谁做家务谁就是家中被统治者"的错误认知。

好在这种情况现在有了好转的趋势。当今社会竞争的激烈,人们对物质的更高要求,使家庭双方都拥有社会工作的比例逐渐提高。生活中关于家务责任的被迫协调,反而让人们发现了共同负担家务的乐趣。越来越多的年轻夫妻,不再将做家务视为地位低的表现，相反它被视为一种艺术，甚至是一种爱的表达。

家庭女性应该获得更多的尊重

整个人类社会的进步都取决于女性或曰母性的价值实现。

只要女性的地位受到歧视，整个婚姻生活的和谐必然毁坏无遗。

对自己的女性角色不满意的女人，她的生活目标会阻止她和自己的孩子做亲密的联系，她的目标和孩子们的目标并不一致，她经常想要证明个人的优越，为达成这个目标，孩子们都成了碍手绊脚的累赘。如果我们关注生活中那些失败的婚姻，我们几乎都会发现——它们是由于母亲没有适当地尽到责任。她没有给孩子一个好的开始。如果母亲们都失败了，如果她们都不满意她们的工作，对孩子也毫无兴趣，那么全人类都将陷入危险之地。

很不幸地,在我们的文化中,女性或曰母性价值多被视为是微不足道的。试想,如果人们重男轻女,如果男性的角色占有较优越的地位,自然而然地女性会不喜欢她们未来的工作。没有人会因为居于臣属地位而感到满足。这种环境下成长的女性,婚后面临即将拥有自己子女的时候,她们会以各式各样的方式来表现出她们的抗拒。她们不愿意也不准备抚养孩子,不期待孩子的到来,也不觉得养育孩子是件有趣的创造性的活动。这曾经是很大的一个社会问题,却极少有人正视它。不过现在通过心理学大众读物的普及,人们的态度有了极大的改观,这一社会问题自然也得到了一定的缓解。

12 温暖的家是永远的避风港

婚姻生活中不应过分强调金钱

钱不是万能的。

现代生活中,有些女性是因为不愿意自己面对社会竞争与压力,而选择以结婚的方式获得他人在物质上的照顾。因为没有经济来源,她们对钱的意识比丈夫要敏感得多,如果受到奢侈浪费之类的指责,她们会觉得深受伤害。经济方面的事情,应当在家庭的经济能力之内,以合作的方式来解决。妻子和孩子没有理由让父亲来承受非其所能的开销;从一开始,大家就应对开支达成一个统一的意见。这样便无人觉得大家都依赖自己或受到不公了。

家庭生活不需要权威

家庭中,没有专家,只有伴侣。

我们在爱情问题中的第一个发现就是,幸福生活需要两个人通力合作才能完成。对于大多数人来说,这是一种全新的工作方式。我们多多少少都曾经学过如何单独工作,也多多少少学过如何在一群人之中工作。但是,我们通常都很少有成双成对工作的经验。因此,这些新的情况会造成一种困难。如果两个人以往对他们的同伴都很感兴趣的话,要解决这种困难就容易得多,因为这样一来,他们就很容易对彼此发生兴趣。

每一个配偶都应该关心对方更甚于关心自己。这里说的是关心,而不是控制,家庭生活中的绝对权威是百害而无一利的。这是爱情和婚姻成功的唯一基础。如果每个配偶对其伴侣的兴趣都高于对自己的兴趣,那么他们之间便会有真正的平等。如果我们都很有诚意地奉献出自己,我们就不会觉得自己低声下气或受人压抑。只有男女双方都有这种态度,平等才有出现的机会。两个人都应该努力让对方的生活安适和富裕,这样他们才会有安全感。他们会觉得自己有价值,他们会觉得自己被需要。这样我们就能看到婚姻获得的保证,以及幸福的基本意义。这种感觉让你觉得,你是有价值的,没有人能代替你,你的配偶需要你,你是一个良好的伴侣和真正的朋友。

婚姻中没有谁更优越

别给自己的优越感立人设。

在婚姻这个需要高度合作的关系中,是不可能让一个伴侣接受从属地位的。如果有一个人想要统治对方,强迫对方服从,他们就不能愉快地生活在一起。现在有很多男人，事实上很多女人自己也是如此，认为他们应该扮演领袖的角色。他们独断专行，塑造"一家之主"绝对权威的形象，导致很多婚姻并不愉快。

没有人能够心平气和地忍受卑下的地位。伴侣们必须是平等的，人们只有在平等的时候，才能找出克服共同困难的方法。比如说，对生育问题达成协议，对教育问题达成协议等。在很多现代文化里，人们经常都没有做好合作的准备。因为现代化教育都太注重个人成功，都太强调要考虑我们能够从生活中获得什么，而不是我们能付出什么。所以也很容易理解，当两个人以亲密关系生活在一起时，由于一方优越感太强，会导致对对方关心不够，很容易导致不幸的后果。

婚姻需要双方最真挚的奉献

完美的爱情和婚姻，就是对异性伴侣最真挚的奉献，表现在肉体吸引以及生儿育女的决定中。

人类各种追求中,最本能的肉体吸引力,对于人类的发展是必不可少的。人类受自然界的约束,没有人能够在这贫瘠的地球上永远地生存下去。因此保存人类生命的主要方法,就是经由我们的生殖能力和对肉体吸引力的不断追求,来繁衍后代。在我们生活的时代,我们发现,所有的爱情婚姻中,都会面临各种各样的问题和纷争。比如,结了婚的夫妇面临着与彼此的家人相处的问题,生活中家事分担的问题,孩子教育方法的问题等。而双方的家长由于为人父母的天性,自然也会与孩子一起关心这些问题。不过问题也没有因此就变得容易解决。

　　尽管婚姻生活中的种种问题总是困扰着我们,但婚姻仍是人类传承的唯一方式,而且其中的魅力也是无法抵制的。那么倘若愿意真心为婚姻付出,所有问题都将迎刃而解。在婚姻中我们必须忘掉所学过的事物,在探讨时应该尽我们所能地解决婚姻中所有问题。只有真诚地面对并付出,才能换来长久而又真挚的陪伴。

婚姻是双方共有的忠诚

甜蜜的爱侣关系需要的首先是彼此的忠诚。

在准备我们对爱情的态度之时,我们不能贪图逸乐或是只想逃避责任。爱情中如果含有犹豫和怀疑,爱情便不会坚固。合作需要永恒不变的决心,当这种结合中含有固定不变的决心时,我们才认为他是真正爱情和幸福婚姻的例子。这种决心不仅要有生儿育女的准备,而且要教育他们,训练他们合作,尽我们的力量使他们成为良好的公民,成为人类种族中平等负责的一分子。

美好的婚姻是我们养育人类未来一代的好方法。婚姻其实是一项工作,它有自己的规则和方法。我们不能只选用其中一部分,躲避其他部分,而又无损地球上的永恒定律——合作。

如果我们只把我们的责任限制在五年之间，或者把婚姻当作是一段试验时期，那么就不可能有真正亲密的爱情奉献。男人和女人如果这样地为自己留退路，他们就不会集中全力来从事这项工作。所有老谋深算、千方百计想从婚姻中脱逃的人，最后都走上了分道扬镳之旅。他们脱逃的企图会损害他们的配偶，使其心灰意懒；在失望之余，他们的配偶也会成全其脱逃的愿望，而不再履行他们决定要一起实现的诺言。

在我们的社会生活中有很多困难，它们使许多人无法按正当途径来解决爱情和婚姻的问题，即使他们有心要解决它，也是无可奈何。可我们却不能因此而放弃爱情和婚姻，我们必须知道甜蜜的爱情关系需要哪些特性——真实、忠诚、可靠、不保留、不自私。

幸福的婚姻也要彼此的磨合

完美的婚姻,没有统治者,只有"营养液"。

关于夫妻,古希腊人有一个美丽的说法,传说在生命伊始,夫妻是一个整体,身体的形状,犹如一个圆球,在来到人间之前被上帝从中间劈开。所以每个人的一生都在竭力寻找自己的另一半,人生才能完整。

但我们都知道,即使原本一体的两个半圆,在重新找到彼此的时候也不能够一下就完美地合二为一。因为在以半圆存在的前半生,男人和女人的生命中没有彼此,只有自己,也许就因为他或她都只是不完整的半个圆,所以棱角鲜明,完全没办法了解对方。因此,当他们找到了彼此,步入了婚姻的殿堂,真正的阵痛期也就到来了。

也只有在婚姻中不断磨合,他们才能让彼此再次融为一体。

夫妻之间的融合方式万万千千,但妄求以统治对方的方式来融合绝不是好的选择。人终其一生去寻找另一半,就是因为自身的不完美,以统治的方式相处,无论是谁统治谁都不可能是幸福的,因为那只会是两个不完美的半圆的重叠,而不是一个幸福完整的圆。两个人只有通过相互调教,相互补充才能不自觉地培养出一些原来一个人生活的时候没有,甚至也培养不出来的品质,共同在知识上、情绪上乃至精神上有新的成长,比如:"谦让、体贴、奉献、勤劳……"

伴侣就是你生活上的合伙人

婚姻首先是一个团队。

在德国的一个小镇,延续着这样一个古老的风俗:一对夫妻在举行婚礼之前,先要被带到一片广场上，在那儿已经事先准备好了一棵被砍倒的大树。这对夫妻所要做的就是用一把两端都有把手的锯子，将这棵树锯为两段。如果他们之间无法协调合作，相互掣肘，必然会无功而返。如果其中一个较有主导欲，而另一个又甘于被领导，结果也不是令人满意的，只会事倍功半。只有当两个人同心协力的时候，才能以最快的速度锯断这棵树。

很明显这是在向新婚夫妇传授一个婚姻哲学：合作是婚姻的首要条件。婚姻由两个人共同组成，既然其中出现的问题是两个人共同造成的，怎么能够要求一个人去解决呢？而且一旦两个相恋的人结为夫妻，事实上他们将要面对的婚姻生活中的问题，就不仅仅是两个人的问题，有时是两个家庭的问题。要一个对自己家庭了解不深的对方来解决问题，想必不会取得好的效果。所以合作是婚姻长久幸福的首要条件，只有双方通力合作，才能以接近完美的方式获得成功。

家庭是事业的摇篮,事业是家庭的依靠

对一个人的全部要求,以及所能给予的最高评价,就是他在工作上应当是位好同事,在爱情和婚姻中应当是好伙伴,是个真正的伴侣。

能获得这样的评价的人是应该自豪的。因为这意味着他成功的以合作方式担负起解决生活三大问题的责任。他对于爱情、合作与社会兴趣之间的关系有着极为清楚的认识。

家庭是事业的摇篮,事业是家庭的依靠,家庭和事业在某种程度上起着相辅相成的作用。有许多人忽视对婚姻、家庭的关注,认为婚姻不用经营,结了婚就可以安枕无忧。殊不知,在决定幸福方面,幸福的婚姻远比其他任何事情都更重要。如果你婚姻幸福,无论你承受多少事业上的

挫折都无所谓，你仍会相当快乐。但是，如果婚姻不幸，那么无论你的事业有多么大的成功，都感觉有缺憾，你仍很难有成就感。

可见对于我们每个人来说，家庭是和事业同样重要的。有些人用事业的忙碌作为亏欠家庭的借口是内心自卑的表现，没有人能够用事业的成功来替代婚姻所带来的幸福感。

一分钟洞察人性

构建财富的基石

◆ 职场篇 ◆

游一行 著

西藏人民出版社

图书在版编目（CIP）数据

一分钟洞察人性.职场篇：构建财富的基石/游一行著. -- 拉萨：西藏人民出版社，2024. -- ISBN 978-7-223-07932-7

Ⅰ.B821-49；C912.11-49

中国国家版本馆CIP数据核字第2025EE6229号

一分钟洞察人性.职场篇：构建财富的基石

著　　者	游一行
策　　划	计美旺扎　扎西欧珠
责任编辑	卓玛措
封面设计	李　鹏
出版发行	西藏人民出版社（拉萨市林廓北路20号）
印　　刷	三河市祥达印刷包装有限公司
开　　本	710×1000　　1/32
印　　张	15
字　　数	192千
版　　次	2025年7月第1版
印　　次	2025年7月第1次印刷
印　　数	01-10,000
书　　号	ISBN 978-7-223-07932-7
定　　价	69.00元（全三册）

版权所有　翻印必究

（如有印装质量问题，请与出版社发行部联系调换）

发行部联系电话（传真）：0891-6826115

前言

坚定目标,直至抵达

儿童从出生之日起,就不断地追求发展,追求伟大、完善和描绘优越的希望图景,这种图景是在无意识中形成的,却伴随一生,无时不在、无处不在。这种有目的追求主宰着我们一生中全部的具体行为,包括我们的思想。我们的思想不是凭空产生的,它必然与我们无形中形成的生活目标和生活方式相一致。

"不想当将军的士兵不是好士兵。"人生的目标是人类前进发展的动力,没有目标的人生是不存在的,即使不自知,但它就是存在你的生命中,融在你的血液里,人生当中的大多数时间就是把它从我们的生命中找出来。

　　这个目标是人们心底的渴求,但是能否成功还在很大程度上取决于人能否将这种充满活力的、对目标的追求坚持下去。而能够让人愿意用一生去追求的目标,必然不能让人一帆风顺就达到,其中难免遇到许多挫折与困难。能在强大的心灵指引下,勇往直前,执着努力的人,才能够最终完成心底的期盼。

目录

1 理解工作与生活

工作让生命闪闪发光 / 002

工作单调也比无所事事好 / 004

生命的意义在于对社会的奉献 / 005

我们的所有活动都朝向人生目标 / 007

生活的失败者往往以工作来搪塞爱情 / 008

人生的意义在于有所追求 / 010

2 财富能带来快乐

真正的奖赏来自内心 / 013

成功的快乐在于成功前没有把握 / 014

成就感是谁也夺不走的幸福 / 016

金钱能"购买"闲暇时光 / 017

巨富和赤贫都不能带来幸福 / 019

坚定的目标能带来持久的动能 / 020

终身学习是工作给你的最大财富 / 022

直面生存竞争

生存与竞争是永久存在的 / 025

假如生活没有欺骗你 / 026

人总是要靠自己 / 028

理智的声音总是"渗入"人心 / 029

唯有成绩能让众人信服 / 031

本能是最大的理性 / 032

生活偶尔需要孤注一掷 / 034

勤快的人才能笑到最后 / 036

专注自身的发展

专注自身快乐,切忌盲目攀比 / 039

自己富足就不会嫉妒别人 / 040

服从带来的安全感其实最"危险" / 042

机会比安稳更让人活力充沛 / 044

盲目的勇敢是愚蠢的 / 046

冲动也是科学与艺术的来源 / 047

只有热情能控制热情 / 049

健全自我的人格

命运是性格的显现 / 052

凡人皆无法隐瞒私情 / 053

用意志抵制诱惑 / 055

控制自己无节制的欲望 / 056

偏见是无知和愚昧的产物 / 058

集体兴奋可能导致群体性灾难 / 059

勇敢面对，认真解决 / 061

生与死，到底哪个更需要勇气 / 063

超越自我的勇气

人必须有勇气超越"自我" / 066

学会善待他人 / 067

模仿是为了超越 / 069

做一个有思想的人 / 071

超越自卑，超越自己 / 072

自信会成就真正的成功 / 074

生命的目标要考虑身体的承受力 / 076

生命意志的张力

不是雄鹰就别再栖身悬崖 / 079

没有意图，就没有机会 / 080

感受力量和意志施加的巨大苦痛 / 082

厌世者的性格中有焦虑的色彩 / 083

勇士必须知道该对谁亮剑 / 085

人应当做到自己满意 / 087

追问社会的困惑

理想与现实结合才能结出果实 / 090

"自私"是人类生存发展的动力 / 091

格格不入未必就是不幸 / 093

不幸源于错误的选择 / 095

择友标准并非一成不变 / 096

适度竞争能带来幸福感 / 098

职场合作与生存

正确理解合作的意义是成功的基础 / 101

因为合作，才有分工 / 102

社会情感是人类能力发展的基础 / 104

衡量个人成功的标准在于对社会的价值 / 106

所有的生活方式都以社会生活为基础 / 108

完成生活意义的基础在于合作 / 109

遇到挫折时，只能靠自己 / 111

缩短交往的距离

缔结友谊是人类最古老的愿望 / 114

友谊让我们从另一个角度了解自己 / 116

理解朋友是社会关系的基础 / 117

理解让我们更好地相处 / 119

极力营造欢乐的生活气氛 / 121

微笑让彼此更接近 / 123

快乐能拉近人与人之间的距离 / 124

把握交往的智慧

融于群体,也要立于群体 / 128

保守秘密也是一种智慧 / 129

选择倾诉的对象 / 131

人不能没有个性 / 132

在自信中获救 / 134

能力要善于展现 / 135

经历并不等于经验 / 136

平衡社会与自我

成功者更愿意与人交流 / 140

社会生活是人的根本出路 / 141

没有人能够完全脱离社会而生存 / 142

个体不可能孤立地存在 / 144

不要被任何威望麻痹 / 145

与其崇拜他人,不如激发自己 / 147

心界决定眼界,眼界影响"世界" / 148

1 理解工作与生活

工作让生命闪闪发光

不要嫉妒那些在蠢人的天堂里享受幸福的人，只有蠢人才以为那是幸福。我们有力的道德就是通过奋斗取得物质上的成功；这种道德既适用于国家，也适用于个人。

一个人，唯有在充实的生活里，生命才有意义。人，就像一台机器，长久不用就会生锈；而一个人不去工作，心志就会消沉，意志力也会磨损，久而久之就会变得衰弱不堪。

一个人只有在实实在在的日常生活事务中，才能实现安身立命的目的。对于任何人而言，唯有真实充实的工作才是实现人生价值的最根本途径。不管他从事的是什么行业，是叱咤风云的商界巨子，或者是举世瞩目的政治英才，是学界教育的名宿,是建筑师,是园艺师,是农夫,是渔夫,是画家、音乐家、医生、志愿者、筑路工人,抑或不起眼的一名小职员……工作都是他们安身立命的根本所在,可以说,唯有在工作中,生命才能安住,并绽放华彩。

生活中有两类人:一类是躺着过日子,一类是站着干工作。躺着过日子的人,感到身体舒服,可宝贵的生命在舒服之中失去了光泽,做人的精神在舒服之中消磨了锐气;站着干工作的人,付出代价,而生命在付出中换来了辉煌,精神在付出中换来了不朽。

现实中,有人把工作当成毕生的事业,有人把工作的成绩当成人生的乐趣,但也有人把工作看成赚钱的机器。以什么心态来生活,以何种效率来工作,也是个值得深思的问题。

工作单调也比无所事事好

即使是单调的工作,如果不是数量太多,对于大多数人来说,也比无所事事要好。

工作,是现代人生存的常态,无论男女,在农村也许因为季节的变化,你会享受片刻的休息时光,但是一旦来到城市这个大机器里,你要想活着,必须把自己变成一颗螺丝钉,随着城市一起运转;否则,你的结局只能是被抛到城市之外。所以,人必须工作。如果你单纯用工作来填充自己的人生,那你的人生就只剩下了一种颜色——灰色。工作带来的压力,工作中的人际关系,上下级的关系,会让你倍感焦灼,于是渐渐地,你就会陷入一种亚健康状态。很多现代人都有这种状态,这时,你就要转换对工作的态度,首先要把工作作为一种兴趣,带着激情去工作。

尽管罗素把工作视为幸福的源泉,认为好好享受工作中的乐趣是人生的一大快意事,但并不是人人都能做到这一点。当超负荷的工作压得人们疲惫不堪时,很多人都觉得毫无快乐。

终日的辛劳会使人们产生错觉,好像只要能够得到片刻的休息,那就是幸福。但事实上,如果一个人休息得过久,油然而生的厌倦会驱使他们重新投入工作中。所以,幸福的生活应该是拥有丰富的创造性的活动。如果整日像机器一样,按照定好的模式重复地转动着,那我们必将会忍受痛苦和折磨。

生命的意义在于对社会的奉献

唯有那些懂得生命在于奉献的人,才会充满勇气并很可能获得成功。

这是我们在解决生活中所要面对的问题的理

想基础。也就是说,我们在现代文化中所享受的各种利益,都是许多人奉献出自己力量的结果。如果一个人不思合作,又不对别人感兴趣,更不想对团体有所贡献,他们的整个生活必然是一片荒芜。当他们离开的时候,不会在社会留下一丝痕迹,甚至没有人会注意他们的离开。只有那些为这个社会奉献过的人,他的成就才会在历史的长河中留下自己痕迹。他们的精神将成为后人不可或缺的遗产,并被继承下去,万古长青。

这应该是我们在教育孩子时,给他们上的第一堂课。如果他们进行了这样的学习,那么他们对于合作之道自然就会充满了向往之情。如果能够拥有这样宝贵的传承,这将是他们人生的第一笔财富。这使得他们在未来的生活中,面临困难时,不会失去勇气与信心。因为懂得合作之道,他们就有足够的力量去面对最艰难的问题,然后找到符合人们共同利益的方法去解决它。倘若我们的社会中每一个有独立思想的人都能做到这一点,我们人类的发展将是不可估量的。

我们的所有活动都朝向人生目标

每个人只看重适合于自己既定目标的东西。

我们在审视自己的精神倾向时会发现,我们所有精神运动都是指向一个目标的。可见我们的精神生活决定着我们的生活目标。因此我们当然就会只看重适合自己既定目标的东西,它是一种本能的对于目标的朝向。从某种程度上说,它是我们对于未来生活的一种准备。它决定我们所有行动的目标,同时也影响着那些心理机能的选择、强度和活动,这些心理机能赋予宇宙观以形式和意义。这就能解释为什么我们每个人只能经历生活的特定环节,或者体验一些特定的事件,从而切实体验到我们生活的整个世界。

如果我们不清楚了解人们内心暗中追求的目

标，就不可能真正理解人的行为。如果我们不知道他的全部活动都受到这个目标的影响，那么就不能对他行为的各个方面做出评价。同样我们也不能想象如果我们的精神生活偏离了方向，我们将如何去思考、感受和梦想。我们的生活方式必然也将走向错误的模式。

我们的精神生活决定我们的目标朝向，同时也决定着我们所有的活动方式，面对当今这个日新月异的世界，我们的精神生活必然要遭受大量新奇事物的刺激，但是我们仍要坚持我们既定的生活目标不偏离，不要被其他的事物所迷惑，而迷失了自我。

生活的失败者往往以工作来搪塞爱情

事业往往被人用作逃避社会问题和爱情问题的借口。

对于爱情和婚姻缺少信心的人，总是会选择

在其他方面得到补偿,并使之成为其婚姻出现问题的借口。

在我们的社会生活中,总有一些人会选择过分地投入工作之中,借此来逃避爱情与婚姻问题。婚姻失败时,也总是会以这个来作为借口。面对婚姻或爱情的失败,他们不愿意寻找原因,或者剖析自身的问题,反而是疯狂地投入工作中,然后不断在心中对自己说:"我是因为没有时间去分给婚姻,所以我不必对自己的不幸负责。"对于那些尽力逃避社会与爱情这两大问题的神经症患者来说,这尤为常见。他们不接近异性,不对别人发生兴趣,只是没日没夜地拼命工作。他们对工作日思夜想,把自己累得紧张不堪。在紧张中,神经官能症的症状便出现了,比如胃病或其他毛病。这样,他们便觉得自己有了胃病,更不需要去面对社会和爱情问题了。还有的人不断地变换工作,他总能想到有适于自己的工作,事实上是他无法坚持某份工作,而要常变常换。

这是一种自欺欺人的想法。爱情和工作不应

被看作是此消彼长的，而应被看作是互相促进的。工作为家庭提供物质的保障，家庭为工作积蓄力量。任何看不到它们之间的合作关系，而一味以工作的问题来搪塞爱情的人，都是生活中的失败者。

人生的意义在于有所追求

为生活而生活的是动物，没有一点真正人的价值。

吃饭是为了活着，但活着绝不是为了吃饭。人生需要有一个鲜明的意义。我们都有自己的追求，追求的本身便是自己的人生意义。倘若没有追求，人生就没有意义。倘若缺少了意义，生活就缺少了乐趣，我们就会变得浑浑噩噩，感到空虚和麻木。

给人生一个鲜明的意义。这个意义，要经得起时间的考验，随着时间的流逝，我们也不会为之感到后悔；这个意义，能赶走生命的颓废和空虚，带来愉快和欣喜；这个意义，能永远璀璨、不会变质，值得我们为之舍弃很多东西。

一般来说，这个意义若要无悔，必定与真诚的感情有关，而与金钱无关。专注于财富积累的人，最后将会发现，物欲的增长并不能给自己带来真正的快乐。人生的意义，必须包含一些精神上的寄托，如此才能做到生命无悔。

塞涅卡指出："如果一个人活着不知道他要驶向哪个码头，那么任何风都不会是顺风。有人活着没有任何目标，他们在世间行走，就像河中的一棵小草，他们不是行走，而是随波逐流。"

没有目标的人生就像没有方向的航船，只能在海上漫无目的地漂泊。为了掌握自己的人生，我们首先要明确目标，找到努力的方向，再立即采取行动，不断提高自己的能力，促进成长，才能获得满意的人生。

财富能带来快乐

真正的奖赏来自内心

真正的艺术家首先希望创造一件艺术作品,别人的欢迎和赞赏只是附属品。

在我们的生活中,奖赏无处不在:为了让小孩考个好分数,父母往往许诺奖赏;长大成人了在各个部门工作,部门会设立各种奖励、奖金、勋章来诱惑你。

这也是今天目标偏执的教育所暗暗隐藏的危机,它使我们的注意力全都集中在获得奖赏的结果上去,而忽视了行动过程中的苦乐享受。

对一个真正成熟的、为了理想而执着追求的人来说,他是不需要外在的奖赏的,因为他的奖赏来自内心,就在他的付出之中,他不会盯着那个外在的奖赏而为之奋斗。即使再困苦,他的生命也不卑微，也没有贬值，他倾尽心血的创造，总有一天会被公认为人类最伟大的作品之一。

如果人生的一切追求都只是为了功利，那未免就误解了人生。在我们的生活中，或许常常会因自己角色的卑微而否定自己的智慧，因自己地位的低下而放弃自己的梦想，有时甚至因被人歧视而消沉，因不被人赏识而苦恼。这个时候，我们就应该大声对自己说：我生命的火焰永不熄灭，总有一天，会照亮大地与天空。

成功的快乐在于成功前没有把握

克服困难后获得的成功往往更令人痴迷。

面对生活中所遇到的坎坷与创伤，我们并不应该一味地去抱怨，相反，还更应该学会去感激它们。因为只有在挫折中，人才能不断地成长。

我们的一生就是在这样跌宕起伏的过程中走向顶峰的。即使是在很小的磨难中，我们所学到的东西也要比长期一帆风顺所带来的丰富得多。正是不平凡的经历，才造就了不平凡的人。

苦难是人生中用来考验我们的一份最高含金量的试卷，只有经历过苦难磨砺的人生，才会光芒四射！因为命运在赐予我们苦难的同时，往往也把一把开启成功之门的钥匙，放到了我们的手中。

我们都会遇到各种困难，浅尝辄止，轻易言退，是做事的大忌。苦难就像一条狗，生活中，它不经意就向我们扑来。如果我们畏惧逃避，它就追着我们不放；如果我们直起身子，挥舞着拳头向它大声吆喝，它就只有夹着尾巴灰溜溜地逃走。只要你拥有对生命的热爱，苦难就永远奈何不了你。

在人生的历程中，我们只有具备对风吹雨打的抵抗力，才能让自己站稳脚跟。正如山崖上的松柏，经过无数暴风雪的洗礼，终于长成像铁一样坚固的树干。只有能够经历过人生磨难的人，才能成为生活中的强者和成功者。

苦难本来就是人生最好的学校,世界的颜色原本就由我们自己决定,智慧之人会擦亮自己的眼睛,看到磨难背后隐藏着的成功。当我们的心境修炼得风雨无惊时,我们便能领略人生路上最亮丽的风景。

成就感是谁也夺不走的幸福

一个人所获得的成就感是谁也剥夺不了的幸福。

罗曼·罗兰曾经说过,一切生命的意义就在于创造的刺激。一个人是否具有创造力,是一流人才和三流人才的分水岭。

大多数人都有创造的本能,都有做成一些事情的愿望,但很多人因为没有发挥而变得创造力萎缩。凡是获得最伟大成果的人,几乎都是这个本能最强的人。根据个人的资质和机会,这样的人可以成为人类历史上最优秀的艺术家、科学家、政治家、帝国的创立者或工业巨头。

最有益和最有害的事业,都是从创造的冲动中激发出来的。没有了它,世界文明将会降到很低的水平。不仅是杰出的人才有这种创造的本能,普通人中间通常也存在着,只是各人有多少的不同。

罗素曾经说过,我们毕生寻求的是这样一个世界:在那里,创造精神让每个人充满活力,生活是一次充满欢乐与希望的冒险历程,它由一种创造的冲动和热情主宰着。

金钱能"购买"闲暇时光

很多愚蠢的现代人将金钱多少看作快乐或成功的唯一标准。

财富虽然是人见人爱的东西,但是人们对待它的态度有所不同。有的人是为了敛财而疯狂,不惜做出伤风败俗,有违人性的事情;而有的人则是通过艰辛的耕耘,付出勤劳的汗水得到钱财,是为了满足物质生活的需要。

在现代社会里，一些人虽然能够很快致富，却不能很好地把握金钱。他们坚定地认为：钱就是用来享受的，随心所欲地花自己的钱，就是一种快乐的生活方式。于是用不了多久，他们又转入了贫穷的轮回。

不论是以怎样的方式聚敛的财富，当今很多人的确非常富有。财富确实是为他们带来了一些荣耀，这种荣耀在他们身上便成了炫耀的资本。

财富是一种祝福，是有文化修养的标志，也是进入上流社会的通行证。很多富豪对财富有着特殊的喜好，他们认为财富是上帝赐予的礼物，是对辛劳与美德的奖赏。

财富只有用在真正有意义的事情上，才能彰显它的作用，只有用在真正需要它的人身上，才能增加它的价值。那些靠财富来炫耀自己的奢侈享受，靠虚荣来麻醉自己心灵的人，只拥有成了金钱奴隶后的悲哀。

衡量快乐和成功的标准，不应该是唯一的。

巨富和赤贫都不能带来幸福

巨富和赤贫间的普通人最幸福。

想要生活富足快乐，必须有一定的金钱和物质作为保障。但是物质的东西，就其本身来说，并不能带来真正的幸福。正如哲学家史威夫特所说："金钱就是自由，但是大量的财富却是桎梏。"如果我们把金钱当作上帝，它便会像魔鬼一样折磨身心。

人的肉体需要是很有限的，无非是温饱，超于温饱的便是奢侈，而人要奢侈起来是永无止境的。一个人为维持生存所需的物品并不要太多，那些多余的东西固然能够给我们提供额外的享受和荣耀，但如果一味地强求，人自身便会沦为物质的奴隶，活在一个被扭曲的世界。这就是为什么许多人虽然看上去得到了无上的享受,但是并不真正幸福。

人们经常在富贵的诱惑中迷失自我,忘记了生活的本意,结果得到的财富越多,飞走的幸福也越多。如果我们每个人都能够保持清醒的头脑,那么要获得幸福就容易多了。

杜甫有诗云:"丹青不知老将至,富贵于我如浮云。"有的人爱绘画竟不知老年将至,看待富贵荣华有如浮云一样淡泊。幸福与拥有多少财富无关,不生病,不缺钱,做自己爱做的事,就是生活的幸福。

坚定的目标能带来持久的动能

始终如一的目标会带来工作上长久的热情,从而助力事业的发展。

每个人都有自己存在的价值,选择一个目标,也就等于明确了人生的方向,这样才不至于迷失。

一个人之所以伟大，首先在于他有一个伟大的目标。有了目标，人们才会下定决心攻占事业高地；有了目标，深藏在内心的力量才会找到"用武之地"。若没有目标，绝不会采取真正的实际行动，自然与成功无缘。目标是获得成功的基石，是成功路上的里程碑。目标能给你一个看得见的靶子，你一步一个脚印去实现这些目标，你就会有成就感，就会更加信心百倍，向高峰挺进。

目标是一种持久的热望，是一种深藏于心底的潜意识。它能长时间调动你的创造激情，调动你的心力。你一旦想到这种强烈的愿望，就会产生一种原子能般的动力，就会有一种钢铸般的精神支柱。一想到它，你就会为之奋力拼搏，就会尽力完善自我，在艰难险阻面前，决然不会轻易说"不"字。为了目标的实现，去勇敢地超越自我，跨越障碍，踏出一条坦途。

心中拥有目标，给人生存的勇气，在困苦艰难之际赋予我们坚忍不拔的毅力。目标激励人心，产生动力和能源。

其实,造成人与人之间命运悬殊的原因,往往不只是因为谁比谁更卖命或谁比谁聪明,而是因为谁有目标以及谁的目标更清晰、更持久。

终身学习是工作给你的最大财富

最好的工作是使你得到终身学习的机会。

学习是一件终身的事情。为学精神只有永远年轻,才能够"苟日新,日日新,又日新"。因为终生不倦地学习,才能时时保持进步的状态,随时都会有新的境界。

一份只需要重复机械劳动的工作,会让我们逐渐丧失斗志和创意;一份需要我们终身学习的工作,才能使我们马不停蹄地探索新知识、勤于思考,增强学习的能力。这才是一种真正的力量,不断地学习、充电、镀金的人才是将来社会真正的赢家。

在工作中坚持学习的人才能有很多机会发现

自己的缺点和不足，然后再通过进一步学习来加以改善和提升，使自己的心灵得到升华，思维得以改造，行为得到修正。学习是一个内外兼备、变化气质的过程。

不断学习新的知识才能打破成长界限。能够给我们提供终身学习机会的工作，可以使我们眼界高远，不断给自己提出新的目标，而不会将自己局限于一个小小范围之内，我们的成长才能是无边界的。

学无止境，学历只代表过去，只有学习能力才能代表将来。持续学习、虚心请教，才能少走弯路；盲目自大，放弃学习，放不下架子向别人请教，结果就很可能会摔跟头的。

生命有限，知识无穷，任何一门学问都是无穷无尽的海洋，都是无边无际的天空，需要我们不断地去进取和钻研。

直面生存竞争

生存与竞争是永久存在的

你只能在生存中选择变强。

弗洛伊德指出,社会的最根本的动机是经济动机,因此每一个社会成员都不可能放弃自己的工作而去致力于满足自我的要求,因为从原始时代开始,竞争就是长久存在的。

人类共同集合成整体,形成社会,这个社会就是一个生活的家园、一个竞争的战场。

"物竞天择,适者生存。"中国的清朝,也算是当时实力不凡的朝廷,可为何最后走向灭亡呢?那是因为当时的清政府政治腐朽、无能,面对外国的侵占,只是为了安于现状,苟且偷生,对帝国主义国家阿谀奉承,这样的朝廷最终只能走向灭亡。

生存与竞争从来都是密不可分的。在客观规律的支配下事物是不断发展和变化的。事实证明，生物都有过度繁殖的倾向，而资源总是有限的。因此竞争的存在是必然的。在生活中的任何一个行业中，都存在着职业竞争。各个行业中通过各种比较，落后者开始分析失败的因素，从主观和客观入手，细致地找出差距所在，随后便会在比别人逊色的地方加强和创新，并要保持自己原有的优势，从而能够在后面的竞争中取胜，这就是竞争。毕竟这是个竞争惨烈的时代，无从选择。只有让自己变得更强，才能在竞争中获胜。

假如生活没有欺骗你

忍受是生活的第一步。

假如生活就像我们看到的那样，一切都会变得极为艰难，生活总会有太多的痛苦失望以及无休止的工作，我们需要做的是忍受生活。丁俊晖曾说过这样一句话:"生活就是要学会忍受,只有忍受才能享受。"细细一品,颇有道理。

弗洛伊德指出我们要想忍受生活,需要有三个缓冲措施。面对痛苦,一味地咀嚼与感伤只会让自己的痛苦弥漫全身,只有将注意力转移到其他更积极的方面,才会使痛苦的种子无法发芽成熟;面对失望,一味地惋惜与感慨只会徒增内心的留恋,进而也就丧失了前进的动力,一蹶不振,因此找到其他让自己满足的东西代替,才会从失望的情绪中走出来;面对那些难以完成的工作,一味地抱怨与厌恶,只会浪费更多的时间,何不让投入更多的热情,让自己陶醉在工作带来的快乐之中呢?那样才会享受那个美妙的工作的过程。

著名作家伏契克曾经说过:"笑着面对生活,不管一切如何,一直努力提高自己的心理承受能力,做到笑对人生。"罗曼·罗兰也曾说过:"生活这把犁,一方面割破了你的心,另一方面掘出新的源泉。"假如生活就像我们看到的那样,学会承受,把伤痛转移,就像珍珠贝一样,抚平自己的伤口，在伤口处磨砺出一颗又大又亮的珍珠，闪闪发光，照亮人生。

人总是要靠自己

蝴蝶靠天空，蚯蚓靠土地，人类靠自己。

有这样一则故事，小蜗牛问妈妈："为什么从生下来就要背负这个又硬又重的壳？"妈妈说："因为我们的身体没有骨骼支撑，所以要靠这个壳保护。"小蜗牛说："毛虫也没有骨头，为什么它却不用背着壳呢？"妈妈说："毛虫能变蝴蝶，天空会保护它。"小蜗牛又问："蚯蚓也没有骨头，也不会变蝴蝶，它为什么不背壳？"妈妈说："蚯蚓会钻土，大地会保护它。"小蜗牛说："我们好可怜，天空和大地都不会保护我们。"妈妈安慰它说："所以我们有壳，我们不靠天不靠地，我们靠自己。"

人总是要靠自己的。自我觉醒要靠自己内在的爆发。在生活中，不能总依赖他人，靠自己才是硬道理。事过境迁，面对人生，面对社会，面对工作，一切的未来都需要自己去把握。命运不会眷顾和怜惜一个从来都不努力的人，更不会去同情和帮助一个懒惰的人，一切都需要自己去努力。谁都不可能一生一世地帮你，幸福需要自己去努力。

蜗牛都知道需要靠自身的优势来确立自己的存在，更何况我们。人一定要靠自己，你的事业、你的家庭、你的一切都要通过努力而得到。要相信你的心有多大，舞台就有多大。成功的秘诀就是要靠自己的努力。

理智的声音总是"渗入"人心

理智的声音是柔和的，它在让人听见之前绝不会停歇。

生活中，我们总是在感性和理智之间徘徊，冲动的时候，我们内心总会有个声音在呼唤理智的回归。弗洛伊德指出，理智的声音总是柔和的，但它在让人听见之前绝不会停歇。理智总是试图"渗入"到人的心中，不论经过多久的时间，经过多么艰辛的努力，最终理智的声音总会在心中找到一个合适的位置，发出柔和抑或粗野的声音。

理智的声音总是"渗入"人心。古人云："天下熙熙，皆为利来；天下攘攘，皆为利往。"这世间总有太多的诱惑，这就需要在生命路途上跋涉的人保持理智，抵制诱惑。这是个物欲横流的世界，无可否认，许多人对这样芜杂的世界愤恨至极，因此我们看到了陶渊明"采菊东篱下，悠然见南山"的怡然姿态；感受到了李太白"安能摧眉折腰事权贵，使我不得开心颜"的一身硬骨；领悟到了诸葛亮"苟全性命于乱世，不求闻达于诸侯"的低调魅力。

理智是人心灵成熟的标志；理智是迷茫惘然的克星；理智是指引方向的灯塔。从现在起，做真实的自己，理智将会把一切的软弱与虚无扼杀，赐你一份坚毅和刚强。倾听理智的声音，毅然地把生命中的瑕疵剔除，让生命的璠玙空灵澄澈，那么一切的愤懑都将随风而去，心中回荡的是理智的妙音。

唯有成绩能让众人信服

不必勉强别人信服自己。信或者不信，成绩就在那里。

1862年夏天，诺贝尔开始了对硝化甘油的研究。这是一个充满危险和牺牲的研究。在一次进行实验时发生了爆炸事件，实验室被炸得无影无踪，五个助手全部牺牲，连他最小的弟弟也未能幸免。诺贝尔受到了大家的质疑，他的邻居们出于恐惧，也纷纷向政府控告诺贝尔，此后，政府不准诺贝尔在市内进行实验。但是诺贝尔并没有反驳这一切，他耐心地把实验室搬到市郊湖中的一艘船上继续实验。经过长期的研究，他终于发现引爆物质——雷酸汞，他用雷酸汞做成炸药的引爆物,成功地解决了炸药的引爆问题,引起了世界的轰动和众人的认可,这就是雷管的发明。

正如弗洛伊德所说,一种科学的发现要对人类的知识有所贡献,不必勉强人家信服。相信不相信,要看成绩,耐心等待最后的研究成果从而引起大家的注意。在这个过程中,往往需要的是一份坚持和耐心,更需要一种长远的独到的眼光。俗话说:"用事实说话。"在我们的生活中,真正的强者所需要的是用成绩来证明自己的价值,他们可以暂时得不到大家的认可,但请相信,他们最终会用自身的实力证明谁是强者。

本能是最大的理性

本能可以伸缩,外界干扰时会销声匿迹,条件允许时又会重新展现。

尼采曾说:"本能就是最大的理性,是任何人都具备的属性。"人首先是肉体的存在,精神是肉体的创造和工具，统一于生命，这与古希腊的先哲、中世纪的神父以及近代的启蒙论者认为的只有摆脱了肉体的束缚，压抑了本能的欲望才能成为"理性"的人的观点是相反的。到了20世纪20年代，弗洛伊德集中阐释了人最大的理性乃是人的本能。

弗洛伊德指出，本能这个词代表了所有产生于身体内部并且被传递到心理器官的力。它可以被看作决定心理过程方向的先天状态。弗洛伊德把人的本能的冲动或需要作为一切活动的原始驱动力，这种力量就是人体的某个组织或者器官的兴奋力量，是将体内能量释放的一个过程。弗洛伊德把本能比喻成是一种有伸缩性的生物体，一旦受到外界刺激就会发生变形，而当外界干扰销声匿迹之后，便想要一种恢复某种曾经存在过的冲动，本能的这种基本的保守性，恰恰就是人最大的理性。

本能作为人最大的理性，其种类往往分为很多种，弗洛伊德指出有多少种身体就有多少种本能，因为一种本能只能是一种身体需要的心理代表。"成为你自己"，我们生命本能就是资本，一个人要想成为独立的自我，就请尊重生命的本能，因为那才是你成为自我的最大的理性。

生活偶尔需要孤注一掷

孤注一掷，生活才不会显得贫乏、无意义，或者平淡而肤浅。

苏格拉底把你的头按在水里说："当你需要成功的欲望就像在水里需要空气那样强烈的时候，你就可以成功了。"

你说："你说得对，但是，如果你不放手，以我薄弱的力量，根本挣不脱你的控制。"

苏格拉底说："那好，那我不放手试试。"于是你拼命地挣扎，脑里面闪过无数念头，突然，不知道哪里来的气力，双脚一蹬，把强壮的苏格拉底踢开了。

苏格拉底说:"你看,欲望越强,能力也越强,当你全身心地投入时,就会成功。"

苏格拉底就是扼住你喉咙的命运。

弗洛伊德说,如果我们不能沉浸在生活的游戏之中,对生活本身孤注一掷,生活便显得贫乏,毫无意义,平淡而肤浅。众所周知,人的生命只有一次,在这一次的生命机会中,只有全身心地投入、倾尽所有力量来搏一次胜负,才不会后悔。在这一次孤注一掷的努力中,我们最终收获的也许是失败,但是没有关系,因为那是你对生活的选择,这已是无价之宝。

梦想与成真之间的桥梁,是全身心的投入。其实每个人都是一块石坯,都是自己的雕刻家,然而每个人只有一次雕刻的机会。因此必须从石坯中看出其中蕴藏的独特的精灵,然后一刀刀将它刻出来,这个过程,需要智慧的眼光,需要全身心的投入,更需要孤注一掷的勇气,相信最后一定会成为伟大的艺术品。

勤快的人才能笑到最后

支持理想走向成功的除了勇气还有坚持。

水滴石穿,绳锯木断。有了人生的理想还不够,还要看有没有坚持追求理想的勇气和信心。如果做事情总是三心二意,即使是天才,也会一事无成的。只有仰仗恒心,点滴积累,才能看到成功之日。勤快的人能笑到最后,而耐跑的马才会脱颖而出。

梦想是人生的舞台,但是很多时候,它被时间锁在环境的空楼里。我们只有坚持做一个快乐的小丑,全力以赴与时间抗衡,才能最终以胜利的姿态笑傲生活。

很多人被拒之于成功的大门之外,他们失败的原因往往就是缺少一份再试一次的勇气和再坚持一下的决心。古往今来,成大事的人身上几乎都有一个最明显的个性,那就是坚定执着。

石头是很硬的,水是很柔软的,然而柔软的水却穿透了坚硬的石头,其中的原因无他,唯坚持而已。我们在黑暗中摸索,有时需要很长时间才能找寻到通往光明的道路。以勇敢者的气魄,坚定而自信地对自己说,我们不能放弃,一定要坚持。也只有坚持,才能让我们冲破禁锢的蚕茧,最终化成美丽的蝴蝶。

记住这句话:再长的路,一步一步总能走完;再短的路,不去迈开双脚将永远无法到达。再多一点努力,多一点坚持,你会惊奇地发现:空气里到处都穿行着绚烂的成功之花。

专注自身的发展

专注自身快乐,切忌盲目攀比

当任何快乐的事情发生时,都应该尽情享受,不要停下来想无关的人和事。

我们本来拥有一份舒心的工作,可是每当看到别人的工作更好,工资更高的时候,我们就会埋怨自己的工资低微;我们住进了一套惬意的新居,可是又看到了别人的豪华别墅,转而开始嫌弃自己的小屋狭窄寒碜……

每当我们做着这样的比较时,就会失掉原来幸福的感觉,开始产生种种烦躁、焦虑和嫉妒的情绪。这使我们不能安心工作,更不能好好地享受生活。

盲目比较会毁掉我们的快乐。当心灵变得愈来愈爱比较、愈来愈爱占有、愈来愈爱依赖时,我们就创造出一个模式而深陷其中，总觉得别人过得要比我们幸福。如果不消除这些无谓的比较，我们的生活就会因此而变得压抑，在这种状态下的生活是不会创造爱与幸福的。

事实上，我们所拥有的并不少，而仅仅因为欲望太多就使自己不满足，甚至憎恨别人所拥有的一切。生活的差别无处不在，而盲目攀比却让我们的心灵失去平衡。

人往往就是这样，很多烦恼都是因欲望的强烈和错误的攀比而徒生出来的。真正的幸福需要我们全心全意地融入当下的快乐中，做到知足常乐、适可而止，这样才能有一份平和的心境，让自己的生活充满幸福和快乐。

自己富足就不会嫉妒别人

人类幸福的本质是很简单的。

有的人之所以嫉妒别人，一个重要的原因是

自己不求上进，又怕别人超过自己，似乎别人成功了就意味着自己失败，最好大家都成矮子才显出自己高大。这是一种十分有害的心灵腐蚀剂，于人于己，都是没有益处的。

在现实生活中，嫉妒是一种极端狭隘的病态心理，它造成人际关系间的障碍。它会使人怀着仇恨的心理和愤怒的眼光去估量他人的成功，同时自己的内心又得不到任何的宁静与安全。

我们要学会适时降伏嫉妒，保持一颗平常心。别人有所成就，我们不要心存嫉妒，应该平静地看待别人所取得的成功，这是拥有幸福人生的秘诀。否则，只会让自己在别人成功的喜悦中沮丧、气愤，甚至加害于别人，而最终丢失掉一些宝贵的东西。

人生失意无南北，那些认为自己太差的人，他们心灵的空间挤满了太多的负累，从而无法欣赏自己真正拥有的东西。

我们根本没必要将自己的眼光一直投放到别人的生活上，也不必对自己太苛求。每个人都有令人羡慕的东西，也有自己缺憾的东西，没有人能拥有世界的全部，重要的在于自己内心的感觉。多关注一下自己，欣赏一下自己人生的富足，我们就会真的体会到生活的快意。

要懂得欣赏自己的生活，你就能活得随心所欲。你能改变什么让自己感到愉快，那就做一些改变。不勉强自己，即使在生活中犯了错误，也要学会原谅自己。

服从带来的安全感其实最"危险"

服从源于恐惧，无论我们所服从的领袖是人还是神。

只要是社会政治、人类关系紊乱的地方，就有独裁者、统治者出现。只要我们生活紊乱、内心感到恐惧，我们就会自发地创造出"权威"。服从他们的意志似乎能够令我们有安全感，因此大多数人才会心甘情愿地接受这种实质上的奴役。

我们往往习惯于听从权威的话，认为服从某个权威，就能得到心灵的解脱。我们希望通过另一个神来帮助自己得到永恒的快乐，但是很少考虑过神的意志背后，会有着怎样的真相。

服从带给我们更大的影响不是安全感，而是一颗被束缚的心，这使得我们总是胆战心惊地过着别人给我们制定的模式化的生活。

现实生活中，我们很少有打破权威的勇气，因为这需要极大的勇气和智慧。

如果我们总是茫然地服从，那么就相当于臣服于暴力的统治。我们应该停止内心的战争，让自己心中充满爱，正视事情的真相，摆脱某些思想、观念的束缚。我们必须明白，对权威的追随和服从，是对自己领悟的拒绝。因为自我的领悟需要有无上的自由。只有在这自由里面，我们才能够找到真正的自己，发现自己的潜力；只有在这自由里面，我们才会获得真正的爱，才能够明确生活的方向。

机会比安稳更让人活力充沛

要使人活力充沛，所需要的是机会而不是安稳。

人的生命是美丽的，如果把这美丽看作粉面桃花，那它也只能算是生命之树上一朵不结果的花。实际上，人生的美丽有更丰富、更深刻的内涵，那就是一个人内在的进取心，这才是使人的生命获得永恒之美的根本。

可以说，安稳只不过是恐惧的避难所；机会才是希望真正的来源。进取心更是永不停息的自我推动力，激励着我们朝着自己的目标前进。为了获得和满足这种力量，我们甚至愿意放弃舒适乃至牺牲自我。我们每个人都感到，需要这种激励，它是我们人生的支柱。

一旦我们有幸受这种伟大推动力的引导和驱

使，我们就会成长、开花、结果。进取心带来的激励也存在于我们体内，它推动我们完善自我，追求完美的人生。但如果我们无视这种力量的存在，或者只是偶尔接受这种力量的引导，就只能使自己变得微不足道，不会取得任何成果。

平庸的人对待工作缺乏热情，敷衍应付，得过且过，做一天和尚撞一天钟。他们没有理想，没有追求，对生活也没有憧憬。他们的人生无疑是安稳而又乏味无趣的。只有有着强烈上进心的人，才会像被磁化的指针那样显示出矢志不渝的精神力量，展示他生命中阳光的一面。

进取心是激发人们与命运抗争的力量，是完成崇高使命和创造伟大成就的动力。这种永不停息的自我推动力，激励着人们向自己的目标前进，与命运搏击，活出最精彩的自我。

盲目的勇敢是愚蠢的

盲目的勇敢就是清澈的愚蠢。

勇敢本身包括了审时度势，避免不必要牺牲的要求。勇气常常是盲目的，因为忽视了隐伏在暗中的危险与困难。有勇无谋，不懂得量力而行的人是极为愚蠢的。

真正的勇敢不仅仅是指赤手空拳与虎搏斗的鲁莽行为；也不仅仅是指天不怕，地不怕，不计胜败，敢于拼命的行为。它不是不顾一切的冒险，而是智仁勇的统一，既反对见义不为，也反对鲁莽盲动。

真正的勇敢是坚持道义而无所畏惧，不屈服于权势，不为利诱动心，不为死亡威胁动摇。

盲目的勇敢是愚蠢的，正因为看不清自己的

选择和所面临的危险，所以才会产生所谓的勇敢的力量。

如果一个人不了解所面临的危险，那他很容易做出勇敢行为，但这种勇气是很愚蠢的。我们不能认为这种源于无知和健忘的行为是令人满意的。那种在完全意识和了解到自己的危险而产生勇气的人才是我们要提倡的。勇气不利于思考，但对于实际行动却有一定帮助。因为在思考时必须提前预想到可能出现的种种问题，而在付诸行动时不需要考虑这一点。因此，有勇有谋的人可以成为伟大的领导者，而有勇无谋的人却只能做他们的执行人。

冲动也是科学与艺术的来源

盲目冲动有时会引向毁灭和死亡，却也能在混沌中开辟出意想不到的奇迹。

提起冲动，我们首先会想到这是一个可怕的

词语。盲目的一时冲动会给我们自身和他人,甚至整个社会带来不幸和毁灭,比如战争。但是从另一方面来讲,冲动恰恰是最伟大的科学成果与艺术作品的来源。

冲动,就是一种由心底迸发出的激情。一个人对于生活没有激情,他的生活将是枯燥而无趣的;对于工作没有激情,他的工作将是没有效率的。激情会为自己带来力量,也会带动别人,它神奇的效果就在于激发我们追求自己强项的活力。

在这种冲动的支配下,很多奇迹诞生了。人类历史上每一个伟大而不同凡响的时刻,都可以说是冲动造就的。这是最有效的工作方式,只有那些具有极高心智并对自己的工作有真正热情的工作者,才有可能创造出人类最优秀的成果。

美国政治家亨利·克莱曾经说:"遇到重要的事情,我不知道别人会有什么反应,但我每次都会全身心地投入其中,根本不会去注意身外的世界。那一时刻,时间、环境、周围的人,我都感觉不到他们的存在。"

冲动会产生一种特别的专注，这种专注对于我们实现梦想来说非常重要。它可以让我们的欲望进入潜意识中，使我们无论清醒或是昏睡，都能集中自己的心志，具有获得成功的坚强意志，让我们释放出潜意识的巨大力量。

像流星那样一闪而过的冲动，并不只是我们生活的点缀，那些能带领我们走进成功的热情，会像太阳一样发出恒久的光和热。

只有热情能控制热情

热情成就梦想。

成功的基础是强烈的愿望，而愿望的实现就是要有足够的热情，来投身于你所从事的事业。我们要不断地想，不断地思考，不断地努力，就能将在头脑中"看得见"的理想实现为现实，对生活倾注热情，最终一定能取得成功。

要想取得成功，不仅仅是一而再而三地产生

某种强烈愿望，希望这样或是希望那样，而是要在大脑中反复进行模拟实验，心中推演种种迈向成功的过程，而这一过程是漫长艰难的，其间有失败也有成功。

在生活中，无论我们从事何种职业，无论伟人还是平凡者，都会遇到各式的挫折与坎坷，面对生活的不如意，有的人被打倒，有的人却把挫折当成垫脚石，当作是对自己的考验，保持积极的态度，不断前进，扎扎实实做好本职工作，在平凡的工作中燃烧激情，最终在自己的人生道路上留下光辉一页。

正是对工作废寝忘食的热爱与热情，许多普通人做出了伟大贡献。热情是世界上最大的财富。

要取得胜利就要坚持不懈地努力，饱尝了许多次的失败之后才能成功。面对失败的考验，或是成功的喜悦，需要我们始终保持热情的态度，给自己希望，相信热情是成功之钥。

健全自我的人格

命运是性格的显现

命运是性格的显现，人的性格决定其命运。

一个小男孩从小就非常羞怯懦弱。懂事后，他知道这个性格上的弱点对于自己的成功是一个无法跨越的屏障，于是逼着自己在公众场合发言锻炼，这当然是一个痛苦而漫长的过程。在几百次几千次被人们讽刺嘲笑后，他成功了，成了世界上最著名的演说家——他就是卡耐基。全世界都知道了他的名字，然而却很少有人知道，他那辉煌的命运是通过他对自己性格的重塑而达到的。

一位哲人曾说："思想决定行动，行动决定习惯，习惯决定性格，性格决定命运。"对于勇于拼搏的强者，即使有千山万水的长途跋涉，他也会步步寻找到属于自己的伊甸园，品尝奋斗中的快乐和生命散发的芳香。对于性格懦弱的人,即使给他一座宝山,他也只能采摘上面的山花野果,还要不时抱怨草深林密、山高坡陡。

也许我们并不期望成就惊天动地的伟业,但我们确实期盼命运之神的降临。但它只能靠我们自己去争取,命运往往掌握在自己的手中。生活中,尝试重塑自我的性格,改变性格,才能改变命运。

凡人皆无法隐瞒私情

任何五官健全的人必定知道他不能保存秘密,凡人皆无法隐瞒私情,尽管他的嘴可以保持缄默,但他的手指却会多嘴多舌,甚至他身上的每个毛孔都会背叛他。

我们总是试图隐瞒私情,然而尽管我们的嘴巴不会出卖我们的心,但手指没准就会变得多嘴多舌,将自己的内心暴露。生活中,一个无心的眼神，一个不经意的微笑，一个细微的小动作，就可能把你的一切秘密都暴露出来。

例如，触摸鼻子的手势一般是用手在鼻子的下沿很快地摩擦几下，有时甚至只是略微轻触。说话者触摸鼻子意味着他在掩饰自己的谎话，聆听者做这个手势就说明他对说话者的话语表示怀疑。美国的神经学者深入研究了比尔·克林顿就莱温斯基性丑闻事件向陪审团陈述的证词，他们发现克林顿说真话时很少触摸自己的鼻子。只要克林顿一撒谎，他的眉头就会在谎言出口之前不经意地微微一皱，而且每四分钟触摸一次鼻子，在陈述证词期间触摸鼻子的总数达到26次之多。可见，一旦隐瞒私情时，尽管你可以暂时控制住嘴，但身体的其他部位会无意识地暴露出内心的秘密。

既然凡人都无法隐瞒私情，那么就做一个真诚而不掩饰的人，才会更加轻松。只有接近自我的人才会最快乐。虚伪、欺诈、奸猾的人，要不断地掩饰自己，这就好比一面原本明亮的镜子，倘若被蒙上了一层灰尘,就再难照出快乐的表情了。做一个真诚而不掩饰自我的人,做任何事都认真踏实,才会真正得到他人的尊重。

用意志抵制诱惑

意志,要顺着愿望走,也要抵抗冲动的诱惑。

精神上的力量与意志力,每个人在个人不同的人生经历中会总结出不同的经验或解释。

培养精神上的意志力就是培养一种敢于挑战极限、挑战自我的勇气、为了高尚的理想甘心自我牺牲的勇气和保持绝对的客观的勇气。

每一个生活在社会上的年轻人,在其一生中都可能会经历各种各样的磨难。从小时候磕磕碰碰的走路,到少年时的求学经历,再到青年时的求职经历,每个人的一生都不可能是一帆风顺的。在每一个转折点或者是在全程中,我们都需要精神上的力量与意志力,来帮助我们经历这些困难,给我们以勇气和力量来向极限挑战。

意志力强的人可以更好地适应并对抗失败的打击和种种不良的诱惑，他们能够化解消除困难带来的阻碍，并增强信心，用积极的心态促进目标的实现。

成功的关键，就在于我们能否凭着我们的意志，凭着我们的毅力，运用我们的知识，将我们的原创力融入我们的生命，使之转化成为我们的智慧，转化成为我们的力量。

控制自己无节制的欲望

正视欲望，也要控制欲望。

我们的奋斗历程其实就是一个不断满足心理需要的过程，生理的需要、安全的需要、爱的需要、受尊重的需要、自我实现的需要，像一个金字塔支持着人类的文明进程，也支撑着个人的奋斗历程。一旦这种需要得不到满足或者这种需要没有被掌握在可控的范围之内，那么就会造成犯罪。弗洛伊德指出，罪犯身上一般有两种基本特征，无节制的利己主义和强烈的破坏性冲动。

其实，利己主义和破坏性冲动本身也可以归属于本能，但是由于没有得到有效的合理的控制，而使二者的性质发生了变化。因此，我们要学会适当地控制自我。人有时必须控制自己，能够控制自己的人无疑是成功的人，真正强大的人是不会依赖于外部世界的，他不会把自己的悲喜挂在别人的脸上，不会把内心的欲望毫无节制地抛售给繁杂的世事，他会始终保持身心的和谐与放松，随时警惕被欲望的洪流淹没。

人的追求过多，往往越容易陷入眼前的迷惑和折磨，人也许不能彻底清除欲望，但是可以控制欲望，这与控制情绪的道理一样，都是需要时时修剪的。当疯狂的欲望和无限的破坏力向我们袭来时，不必惊恐，不必退缩，正视欲望所带来的前进的驱动力，学会控制自己无节制的欲望恶魔，做到适度的控制才是最明智的选择。

偏见是无知和愚昧的产物

每个人都容易被一些根深蒂固的内在偏见所左右,我们的思考也不自觉地受到偏见的影响。

我国古代有一则寓言,说的是有一位农夫丢了一把斧子,他开始怀疑是隔壁人家的儿子偷的。在这种偏见的心理支配下,他觉得那人走路的样子、说话的声调、脸部的表情和平常人都不一样,很像偷了东西的人。后来,他自己的那把斧子找到了,于是再留心观察隔壁人家的儿子,觉得他的一言一行、一举一动、脸部的表情又都不像一个偷斧子的人了。

偏见是由于对他人或其他群体缺乏事实根据的、偏执于某一极端的、不符合事实的认识而产生的结果。偏见总是以有限的或不正确的信息来源为基础,因而对一些人的看法往往是捕风捉影的、道听途说的、人云亦云的。对人有偏见的人，往往容易走极端，"抓住一点，不及其余"。其实每个人都容易被一些根深蒂固的内在偏见左右，我们的思考也会不自觉地受到这些偏见的影响。

偏见是无知和愚昧的产物。一个人的知识修养水平越高，观察分析问题的能力越强，偏见往往越少。反之，则容易受流言蜚语、道听途说的愚弄，而对人形成偏见。要知道许多偏见往往是由于彼此间缺乏真诚的交谈与接触而形成和产生的。因此要克服偏见，我们更多时候需要采取的是直观的理智的不偏不倚的态度，那就必须跨越敌意和不信任的心理障碍，加强直接接触，才可以得出正确的结论。

集体兴奋可能导致群体性灾难

集体兴奋是一种绝好的麻醉，其间，理智、人道主义，甚至自我保存很容易被遗忘；其间，残忍的屠杀和英勇的殉难同样是可能的。

集体是由无数个体组成的,就是你我在举手投足之间构成了世界现在的样子。我们是整个世界的一员,并且是不可分割的一部分,我们的活动建构了世界的活动。

集体兴奋是一种能够突然影响一大群人的,可以被集体中每一位成员感觉到的能量。平时安分守己的人会因为这种能量的作用而变得忘乎所以,和这个集体中其他成员一起陷入极度兴奋和疯狂的行为中。

现实生活中,我们经常看到混乱不堪、痛苦无奈和无穷无尽的冲突。当真正面临这些不堪入目的景象时,有思想的、认真的人,那些真正关心我们这个世界的人,就会意识到集体行动的重要性。我们在某个领袖的带领下不断地扩大对自然的使用范围,甚至毫无休止地侵占、掠夺、毁坏地球。这就是我们人类集体的杰作。我们不要过分陶醉于这样的胜利,虽然我们的行动可能在短期内会起到一定的作用,但结果却往往给我们自己带来更大的不幸。集体性的兴奋、麻醉和残暴行为，最终将带来整体性的灾难，它可以毁灭掉这个世上所有的美好生活。

我们需要的是一种最单纯的责任感，是一种最真实的正义感。共同的厄运如此强大，以至于个人的爱情、思想、痛苦都变得微不足道。因此，每个人都必须思考这些群体性的行动所造成的集体性兴奋和灾难。并且要意识到，要生活就必须付诸行动，就必须和外界建立和谐的、友好的联系。我们要从自身的转变做起，才能够改变这个矛盾的世界。

勇敢面对，认真解决

如果有选择命运的机会，最好的办法是勇敢面对。

有些人相信，命运之神支配人类的命运。生老病死、贫富贵贱等所谓的一切都是命中注定的。有些人相信，人的一生是由"命运"操控的。命运有时终须有,命中无时莫强求。多少时候,他们只能服从命运的安排,任凭命运的肆意玩弄。

　　世事难料,命运无常,不同态度面对,就会产生两样人生。面对者将受到人们尊敬,逃避者将遭到人们唾弃。翻开历史画卷,可以发现世界上许多事都不是一帆风顺的。人生会有无数次的"跌倒",只有不怕命运,挫折与困难,勇敢地面对,人生才会发现新的起点,才会有辉煌的成功。命运掌握在自己手中,我们要勇敢地面对。即使我们的性格、成长、天分等与生俱来的条件是无法改变的,但自己的人生,应该自己去创造,包括命运也是如此。面对命运的种种期待、磨难,我们需要的是一颗勇敢面对命运的心。面对命运的枷锁,我们应该勇敢挑战命运,改变自己的命运,去实现自己的梦想。路,就在我们的脚下,不管是笔直的公路,还是崎岖的山路,我们都得靠自己的实力开创。在命运的洪流中,不随波逐流,扬帆远航,绕过礁石,冲过海浪,相信最终会到达胜利的彼岸。

生与死,到底哪个更需要勇气

很多人可以勇敢地死去,却没有勇气承认,他为之而死的原因实际上是没有意义的,他甚至连这样想一想的勇气也没有。

勇气是一股惊人的力量,它能够承担一切重负,甚至包括生命。轻生的人不是真正的勇敢,因为这是对自己、对亲人以及对世界的不负责任的行为。

每个人来到这个世上,都需要承担责任,其实,生命就是一连串责任的不断累积。责任是一种天赋的使命。没有责任的人生是空虚的,不敢承担责任的人是脆弱的。敢于承担责任,敢于面对失败和痛苦,置之死地而后生,才能获得别人的尊敬和信任,获得人生的成就感和自豪感。

我们需要勇气面对生老病死,更需要有勇气去拼搏、牺牲和付出;自行结束生命实际上是怯懦和退缩的表现,这只会拖住我们前进的脚步,让我们的心灵在惶恐和抱怨中蒙上灰尘。真正的力量与人的体力、财产和地位无关,而是鼓起勇气去做该做的事情。勇气是一种在挑战面前毫不退缩、永不言败的精神力量。

在人生的征途上,让我们勇敢去挑战,飞得更高更远。

6 超越自我的勇气

人必须有勇气超越"自我"

在这种社会中,每个人都被种族特性、阶级偏见、公共舆论等方式呈现出来的群体心理态度所控制。

弗洛伊德指出,一个人如果总是依赖群体中的其他成员的反复强化才得以立身,那么他就会被社会的种族特性、阶级偏见以及各种公共舆论等公共态度所控制,而自身却缺乏勇气和创造性。作为一个个体的存在,必须有勇气去创造才会有前进的动力。

人在成长的过程中,我们常常体会到,生命是一个试炼的过程。谚语有云:"从前种种譬如昨日死""以今日之我与昨日之我战",这揭示了人生必须不停地创造,不可以遵循既有的习惯或贪恋现有的享受。

　　人如果不能根据生命的发展而发展，最终会产生不安与厌烦的情绪。对于日复一日、年复一年的固定模式，最后总会到达那个突破的临界点。这时，人就需要勇气。此刻勇气就变得尤为重要，用这份勇气去进行创造，以求实现心底的梦想。在群体生活中，个体必然存在着对自己的期许，为了达成这份期许，人必须有勇气超越因循与贪恋。

　　拥有自己的勇气，在前方的路上发掘出自己的潜力，用勇气去创造，用勇气和创造为自我价值增加更多的砝码，开拓属于自己的一片蓝天。

学会善待他人

　　一个能够自我超越于自己的思想和希望的人，也能够在日常生活的困境中为自己找到安静闲适之地，而这对彻底的利己主义者来说是不可能的。

每个人都是赤裸地来到这个世界上，然而他必须占有才能生存。当所有人都想占有，但资源却是有限的时候，对于利益的争夺便不可避免。因此功利主义思想古则有之。

自私是一种潜藏在心灵深处的人的本能欲望，它的存在与表现不为本人所察觉。私欲强的人不顾社会和他人的利益，一味地满足自己的需求，而在自己私欲得到满足的时候却心安理得地享受。所以，自私的人，没有人愿意与其共事，他也难以取得成功。

自私的人总把个人利益推崇到至高无上的地位，为了维护自己的利益，达到自己的目的，甚至会不择手段，从而暴露了自己的丑恶嘴脸。自己对待别人的态度，就是别人对自己的态度，如果你对别人太自私，就不要指望别人与你分享。

学会用无私的胸襟来善待他人。虽然，这是一种高远的人生境界，但是只要你肯付出你的爱心，就会一步步接近崇高的人格。无私地面对他人，固然会失去一些东西，然而收获也不可限量。

无私能让你远离小人的蝇营狗苟,远离肮脏污秽,能够以坦荡的胸襟、宽广的视野来面对广阔无垠的人生。无私天地宽。当别人在受到你的善待时,也会以"涌泉"回报你的善行。

模仿是为了超越

求同,只是成长的一步。

在人格发展的动态过程中,人们不断地进行模仿是适应社会的一种手段。模仿是可以的,甚至是必要的,但是在模仿的基础上进行超越才是终极目标。在求同机制中不断进行自我超越,才可以真正促进人格的发展。

在人格发展中,不论是自恋性求同还是强制性求同,其目的都是无限接近共同的模板,就在无形中降低了自身的价值。要知道,刻意模仿,往往是邯郸学步,最后连自己原有的步伐也会忘记了,这是得不偿失的。世界原本也是以多样性来塑造的。你必须成为真正的自己,任何雷同都会使其中的一方失去其存在的意义。模仿并不是照搬,而是在别人已有的成功基础上借鉴,在别人成功的经验上不断开发和创新。所以我们必须在学习模仿中创新。

　　每个人都是独一无二的。我们总是对个性有着各种各样的赞美。真正的赞美只能源于个性的自我创造,而不是模仿。我们在创造自我的过程中需要逐步地显露、塑造、形成个性,不再成为他人的影子,而成为具有独特价值的自我。我们生活在一个五彩缤纷的社会中,在这个世界里不仅仅拥有千奇百怪的风景,更有很多个性独特的人。想要拥有自己的一片天空,就必须从现在开始,迈出第一步,抛弃他人的影子,在阳光下创造属于自己的美丽。

做一个有思想的人

善于思考的人,才会成为思想者。

"常常有扎根太深的思想,无法用眼泪冲刷掉。"弗洛伊德的这句话意在揭示思想的深刻程度有时是无法想象的。

思想就是事实的逻辑形象,是生命最有意义的命题,是我们对于事实的描述、解释和预言。凡事预则立,"预",即为思想的最高境界。"预",会早于别人产生想法,早于别人看到发展的前景,早于别人筹谋,早于别人行动。所以说,我们真正的生命是我们的思想。

思想是精神生命里流动的血液。在《在马克思墓前的讲话》中,恩格斯讲到"当代最伟大的思想家停止思想了"。从这句话里,我们知道了思想的重量。人都愿意听别人说自己是一个有思想的人，因为这足以彰显思想的深刻对于一个人的重要性。

一个木匠拿起锤头，眼里就全部都是钉子；思想者面对问题，脑中全都是方法。思想者是有思想的人。可见，我们每个人都是一个思想者，只是在敏捷性、深刻性、科学性等方面或程度上有所区别。

善于思考的人，就会成为一个思想者。思考可以是人的一种习惯，善于思考是人的一种良好的品质。久而久之，善于思考的人便会成为一个有思想的思想者或思想家，便会拥有深刻的思想见解，那是无法用眼泪冲刷掉的宝贵的财富。

超越自卑，超越自己

自卑感很多时候被认为是神经病特征的表现。

自卑是自认为很多方面都不如别人的一种心

理状态,自卑的人一般都是性格比较内向不善于表达的人。当这种不良情绪产生时,大多都沉默寡言,极力逃避周围熟悉的事物。自卑的人特别看重他人对自己行为的看法和反应,很少对自己行为进行直接的观察和评价。其实每个人都有不如别人的某些方面,但这些不能决定你的生命是否精彩,关键在于如何看待自己的不足,是让它成为你的绊脚石还是前进的动力。

自卑的人遇到棘手的问题时容易怨天尤人,垂头丧气。其实,任何事只要尽全力去做,总会有所收获,有成就的人靠得大多是勤奋。要相信"有志者事竟成",在遇到挫折时不要气馁,要认真反省,用双倍的汗水去向自己设定的目标迈进,"不成功,则成仁"。

每个人或多或少都有自卑的心理,只是有的人习惯外露,让自卑主宰了自己的所有性格缺点,遮盖了本身的优点,看不到自身的长处。而恰恰相反,有的人在看到自己在某些方面确实不如别人的时候,他会理智地加以调整,找出属于自身的优点，用优势掩盖不足。因此要让自己多多与他人进行沟通交流，打开自我封闭的心理，从身边的朋友身上找到自我的肯定，化解困扰你的问题，热情地与他人相处，让自信的阳光洒向心灵的深处，只有这样才会拥有健康的人格。

自信会成就真正的成功

一个为母亲所特别钟爱的孩子，一生都有身为征服者的感觉；由于这种成功的自信，往往可以导致真正的成功。

拿破仑曾说："不想当将军的士兵不是好士兵。"其实我们可以再补充一句："不敢当将军的士兵同样不是好士兵。"拥有身为征服者的感觉往往可以导致真正的成功，这是弗洛伊德的观点，他认为那些为母亲特别钟爱的孩子，自身的优越感会使他拥有一份征服者的姿态，那背后所蕴含的自信的精神往往会使他走向真正的成功。

自信会成就真正的成功。居里夫人为了提取纯镭,为了向科学界证实镭的存在,整天穿着污渍满满的衣服,在破旧的棚屋里,用和手臂一样粗的铁条搅动着冶炼锅,在堆积如山的沥青铀矿的废渣中寻觅镭。实验条件非常艰苦,她始终坚持自己的科学事业。她对朋友说:"我们应该有恒心,更要有自信。我们必须相信我们的天赋是用来做某种事情的,无论代价多么大,这种事情必须做到做好。"她终于取得了成功,一举成名。拿破仑曾说:"弱者只会等待机会,强者才能创造机会。"人人都有潜在的天赋,只有除掉自卑自欺的潮气,拥有自信的火种,智慧的干柴才会燃起熊熊的烈焰。自信不仅仅是对自己能力的信任,更是对自己追求目标的坚定信念。自信的人,依靠着坚强的支柱,他可以征服者的姿态面对狂风恶浪发挥出每一份潜力,在艰难的搏击中,驶向成功的彼岸。

生命的目标要考虑身体的承受力

肉体和心灵是生命这个整体中不可分割的两部分。

心灵寄居于肉体之中,只有同时拥有心灵和肉体的个体才能成为一个人。从个体出生起,两者就协力前行,彼此的努力都是为了"人"这个整体。心灵给肉体提供前进的目标与指导,肉体的承受程度也直接影响着心灵所定的计划能否成功。

通常人们称心灵为人类发展制定的目标为——生命目标。这就决定了心灵在两者关系中的支配地位。空有肉体的人我们称之为植物人,那么空有灵魂的个体到底存在吗?至少在现阶段我们无法证实,所以由此看来,肉体又是完全制约着心灵的。人类对其环境所做的改变，被人类称之为文化，我们的文化就是人类心灵激发其肉体做出的各种动作的结果。在肉体的每种活动、每种表情，甚至每种病症中，我们都能看到心灵目标的铭记。每项活动的完成都必须依赖于身体和心灵的完美融合，所以心灵和肉体是天然的合作共同体。生命目标要考虑身体的承受能力。肉体的行为要完全符合心灵的认知。

基于此，人们要认清自己内心，才能不会做出超出自己身体潜能的错误行动。同时更要积极进行肉体的训练，才不会让心灵制定的生命目标落空。

7 生命意志的张力

不是雄鹰就别再栖身悬崖

你们不是雄鹰,故不能体验思想惊恐的幸福。不是雄鹰就别在悬崖栖身。

一个没有坚强意志的人,就像一只没有翅膀的鸟儿,一台没有马达的机器,一盏没有钨丝的台灯,它永远都无法看到风雨之后绚烂的彩虹。而那些即使面对暴风骤雨也能用顽强抗争的人,才如展翅翱翔的雄鹰,在宽广的蓝天中自由翱翔。

斯蒂芬·霍金,他因患卢伽雷氏症(肌萎缩性侧索硬化症),禁锢在一张轮椅上达几十年之久。他身残志不残,使之化为优势,克服了残废之患而成为国际物理界的超新星。他不能写,甚至口齿不清,但他超越了相对论、量子力学、大爆炸等理论而迈入创造宇宙的"几何之舞"。尽管他那么无助地坐在轮椅上,他的思想却出色地遨游到广袤的时空,解开了宇宙之谜。一个人存在于这个茫茫的世界上,如果他不甘于平庸与沉沦的话,他就必须拥有顽强的意志,在任何艰难险阻面前都永不退缩。

每个人都有梦想,然而在梦想与现实之间总会有一个无法逾越的鸿沟。面对这样的困境,一味地揣想计划总是徒劳的,我们唯一能做的是等待机遇,找寻一个目标并为之坚持不懈地努力,这样梦想才可以实现。其实成败往往就在一念之间,那决定成败的关键便是拥有一颗充满坚强意志且奋斗不止的心。

没有意图,就没有机会

没有意图,就没有机会。有意图,"机会"这个词才有意义。

很多人这样抱怨:"他比我幸运,因为他有很多机会，我没有。"那么，万一机会始终不来，我们就永远不能成功吗？事实上，问题往往不在于"没有机会"，而在于我们自己没有思想的目的性而"错过机会"。这就好比驾船者倘若毫无目的地让船在大海上漂流，那么他迟早要遇到毁灭性的灾难。

艾略特曾说："人生的黄金时刻迅速流过我们身边，我们所见到的只是沙土；天使曾经造访我们，我们却在它们离去之后才知晓。"错失良机显然是成功的大忌。为了避免这种遗憾，我们应当在内心深处抱着正当明确的目的，并且努力去实现它。其实，人生最宝贵的机会，是从事一项"考古"工作，挖掘内在的张力与冲突，找到自我的内在意图，然后诚心、警觉而谨慎地留意机会的来临。当然不只是留意机会，更要在目标的引领下"创造"机会，因为你已经具备走向机会的条件。危险随时可以转为东山再起的契机，失败随时可以化为成功的先声，挫折也随时可以引发令人满意的壮举。那么从这一刻起，那些敢于向犹疑不安挑战、勇于追寻新的地平线的人，因为你已经拥有了自我的目标与动力，那么你的机会便被赋予了新的意义，机会必将也如影随形，萦绕你身边。

感受力量和意志施加的巨大苦痛

吃苦实在是一件小事，但在承受巨大苦难时不被内心的苦恼和怀疑所击倒，便是真的伟大。

"美玉藏顽石，莲花出淤泥。须知苦恼处，悟得即菩提。"佛教把菩提比作美玉和莲花，苦恼比作顽石和淤泥，人只有承受了内心巨大的苦难煎熬，才会获得真谛。

人生亦是如此。苦难之于人生，实在是一笔迷人的财富。人生如爬山，苦难便是通向山顶的崎岖小路。不曾经历苦难，你就只能在山脚下徘徊，永远无法领略虎啸生风，无法欣赏群峰叠翠的无限风光。我们没有先知先觉的能力，芸芸众生，谁都无法避免苦难的降临，勇敢者、智者面对苦难，能够坦然接受，然后想方设法化解苦难，把它看作是对人生的又一次挑战，从而赢得别人的敬重；懦弱者、愚者面对苦难更加深重，造成的损失与危害更加巨大，不仅戕害了自己的心灵，还为别人留下了笑柄，这样的人生何其可悲。

生命，总是在挫折和磨难中茁壮。思想，总是在徘徊和失意中成熟。意志，总是在残酷和无情中坚强。当我们对所有的苦难心存感激，然后投入所有的心智和所有的激情，认认真真地过好每一天，在苦难的磨砺下使内心渐渐强大，用咀嚼苦难的勇气和无畏浇灌成功之花，使之灿烂绽放。

厌世者的性格中有焦虑的色彩

焦虑容易引发痛苦。

焦虑是一种格外广泛的性格特征。它从儿童早期到晚年一直伴随着个体，使他们备受痛苦，也因此而无法和所有人建立联系。因为焦虑感的出现，使得他们想要获得和平的生活和成为卓有成效的，能够为世界做出贡献的人的希望被摧毁。

有些人开始做某件事情的时候，他们的第一反应总是焦虑，不管这件事情仅仅是离开家门几步，抑或是与自己同伴分离，又或是获得一份新的工作，或者是堕入爱河。

我们知道并不是所有人都会这样。究其原因，是因为他们的生活意义几乎和同伴没有联系。而那些能够从容面对生活中的每个境况的人则是因为意识到自己是整个人类中的一个个体而已，以此摆脱焦虑的纠缠。面对焦虑这种令人苦难的情绪，首先应当是学会合作，融入社会群体中，通过与同伴交流的增多，获得坦然面对众人的勇气，想象那不过是同伴人数的夸大，然后树立起相当的自信。

勇士必须知道该对谁亮剑

人只应有值得憎恨之敌,而不应有不屑一顾之敌;人必须为自己的敌人而骄傲。

尼采说,聪明的勇士应该懂得何时刺剑,何时收剑,伺机而动,这才是真正的勇敢。勇敢是什么?敢不敢牺牲、牺牲多少,是勇敢的一个重要尺度,但并不是唯一尺度。勇敢,应该是和毅力、智慧、自制结合在一起的。勇敢,是一种生活态度,更是一种生存智慧。因此,做个聪明的勇士,不做盲目献身的武夫。

当条件尚不成熟、时局未明之际,聪明的勇士,往往选择控制自己,收好手中的利剑,韬光养晦。很多时候,战局并不如我们所想,危险关头,聪明的勇士往往会将隐藏自己的实力与意图,等待机会。如此才能欺骗"敌人"而使自己不受损失。以这种方式保存自己的实力，以待反抗的最佳时机，夺取最后的胜利。

当然，聪明的勇士更应该懂得感谢"敌人"，但绝不轻视他们。"敌人"固然可恨，但他们的存在却是我们前进的一种动力。正因为有了他们的存在，我们才不敢松懈，始终保持高度警惕；才能严格要求自己，努力奋斗。感谢"敌人"，激发了我们的斗志，磨砺了我们的心志，提高了我们的能力，使我们学会在关键时刻，拔出利剑，获得胜利。

人生如战场，其实每一个艰难险阻都是我们的"敌人"。面对阻碍，若要取得成功，只有掌握好勇敢的分寸，抓住一进一退的时机，才能够获得最终的胜利。

人应当做到自己满意

不满于自己的人会随时准备向自己施加报复。

老子云:"胜己者强。"人生的强者首先就是战胜自己。一个真正的强者,他必定会对自我要求严格,其对不断完善自我的渴望要远远大于生活的其他规则;一个真正的强者,他坚定只有不断超越自我,才是人生前进最大的动力,生命的价值在于不断完善自我;他懂得与自我抗争,懂得为心中完美的自我不惜鞭挞自己的灵魂;其必将为人格顶天立地、行为不卑不亢、品德上下称道、事业左右逢源而对自己进行持续不断的修炼。当然,在超越自我的路上,注定平凡而充满艰辛。不断挑战自我、战胜自我、完善自我的信念也必将成为其成功的砝码。

不断地超越自我，我们便看到了春天那份开始与希冀，看到了夏天那份生机与热情，看到了秋天那份成熟与稳重，看到了冬天那份清醒与纯净。四季轮回，岁月变换，在人生道路上，不断剖析自己，自勉自励，及时把握机遇，才能不断创造人生的辉煌。超越自我，哪怕风残雨凄，坎坷荆棘，亦不能停下你超越自我、完善自我的脚步。依然坚信：命，就在自己的心中；运，就在自己的手中！永远抱定这份完善自我的执着，你就是生活中最勇敢的强者。

追问社会的困惑

理想与现实结合才能结出果实

只有同这个世界结合起来,我们的理想才能结出果实;脱离这个世界,理想就不是空想。

工作中,许多人常咬紧"青山"不放松,永不言放弃,却只能头破血流、两败俱伤。变一回视线,换一次角度,找一下方法,将会"柳暗花明又一村"。大多数情况下,正确的方法比坚持的态度更有效、更重要。坚持固然是一种良好的品性,但在有些事上过度的坚持,反而会导致更大的浪费。

成功固然需要执着,但当执着没有效果的时候,就应该转换思维寻找解决的方法。工作中,有些问题的确非常棘手,想了许多办法,仍无法解决,于是有人认为"已是极限",或是"已经尽力"，再去努力也是白搭。当你真正经过一番努力奋斗后，你就知道所谓"难"，其实只是自己的"心灵桎梏"。只要不断努力，开发的潜能就会越来越大。努力不够，你当然不知道自己的潜能到底有多大。

遇到问题，你是否始终坚定不移地相信会有更好的方法出现，在很大程度上取决于你是否有一种良好的心态，不要执着于顽固的思想不知变通。想办法是想到办法的前提。如果让大脑"放假"，就算是天才，面对问题也会一筹莫展。所以，办法是在想的过程中产生的，它不会凭空而出。

如果你也想成为卓越的人，取得人生的辉煌事业，就请行动起来，运用智慧向前进路上的重重困难发起挑战吧！

"自私"是人类生存发展的动力

正确理解自私，才能正确看待欲望。

生命需要许多能量来支持。欲望、憧憬、期待、喜爱、憎恨……欲望，有时是吞噬身心的鬼魅，常把自己推入万劫不复的深渊；有时又是追求幸福的动力，是生命火焰得以燃烧的柴火。太多的欲望会拖累人的心灵，但失去了欲望，生活将只余下无聊、孤独和死寂。

自私的欲望是为了获得更好的生活，因为"自私"所以才能生存，而生存的根本就是自私。"自私"就是用尽一切方法让自己生活更好的生存欲望，也是一切欲望和未来的源泉所在，更是因为竞争关系而产生的自我保护。

自私——人们在千百年来用无数的语言来辱骂它，几乎人人都发自内心地去憎恨它。但自私却是人类生活下去最原始的动力，因为最早的人类生活，生存即是自私，万物的存在正是由于竞争引发的私欲进而推动历史的前进。所以，自私并不该令人憎恨，相反的是人类必须去正视和了解它——因为万物自私，所以万物存在。

世界上一切的生物体，从出生那一刻要明白

的就是如何去生存，而生存的根本就是与万物竞争、争夺自己的生存资源，与天地竞争、创造自己的生活空间和生活环境，这些都是竞争。竞争就是自私的斗争。

人类为了生活的所作所为，其实就是在如何生活得更好这个前提下而展开的竞争，所以人类才会扩大自己的生活空间，改善自己的生活环境。

格格不入未必就是不幸

一个人与周边环境不相融是不幸的，但是这种不幸并不一定总是值得花一切代价去加以避免。当这一环境充满了愚昧、偏见和残忍时，与它的不和谐反而是一种优点。

物以类聚，人以群分。如果一个人无法融入一个和谐美好的社会，那么他无疑是非常不幸的；如果这个人身处的环境充满了愚昧、残暴和无知，那么他与周围事物的不和谐，反而证明了他的伟大和超前。

在人类历史的长河中,伟大的思想来自伟大的人物,而伟大的人物往往是痛苦而孤独的。因为他们无上的智慧太过超前而不被当时当世的人理解和接受,甚至遭到严酷的惩处。不论是伟大的政治家、科学家还是艺术家都是如此。

这一切也正是对他们的考验,考验他们忍受孤独和寂寞的能力,考验他们对于自己的思想理论的坚持和执着。

如果我们盲目服从大众的意志,可能会带来一时的风平浪静,甚至平步青云。这意味着我们将被推向平庸的深渊,磨掉所有棱角和锋芒,成为逆来顺受的墙头草,最终丢掉本真的自我,变成一个彻底的"奴隶"。

人生太累,是否因为不敢、不去走自己的路,而只能和众人一起看着同样的风景,只能不断重复别人的路。其实,只要自己认为对的,只要自己觉得值得,便不必太过在乎世俗的眼光和别人的看法。人生真正的勇气不是压抑自己追随大众,而是跟着自己的心走。自由的心灵将指引我们追寻幸福所在。

不幸源于错误的选择

不幸在很大程度上是由于对世界错误的看法、错误的伦理观、错误的生活习惯所引起的。其结果导致了对那些可能获得的事物的天然热情和追求欲望的丧失,而这些事物,乃是所有幸福——不管是人类的还是动物的——最终依赖的东西。

一个人是否有正确的价值观和人生观,是否具有积极主动的人生态度,决定了这个人能否获得真正的幸福。

幸福就在窗外,它就像一股新鲜的空气,只要你打开窗户,就能感觉到它。这是对幸福的选择。没有人愿意拒绝幸福,有的只是错误的选择。

错误的人生观,会让我们贪图安逸、消磨意志、态度消极,逐渐变得庸俗、懒散而又悲观。

错误的价值取向，会产生消极的思想并导致消极的行动，最终将会产生消极的后果。一个人如果对世界对人生产生了错误的理解，就会是非不分、善恶难辨，容易被社会中的错误观点所迷惑，以至于逐渐迷失了自己的发展方向。当你执着于痛苦时，痛苦就必然占据你的整个心灵，实际上这恰好是放弃了选择幸福的机会。只要我们转变想法和态度，就可以获得生活的智慧和快乐。

幸福是一种满足，是心灵的安宁。如果我们都能展开双臂，打开那扇正确的窗户，就能让幸福如阳光一样温暖着自己。

择友标准并非一成不变

现代人不仅根据地理位置来选择朋友，也会根据自己的兴趣喜好、志趣见解来择友。幸福感分分钟提升。

每个人都需要朋友，朋友是你的另一个生命。

当你和他们在一起时，一切都会变得顺遂。

年少的时代，我们更多是根据地理位置来交朋友，因此便有了亲密的发小和青梅竹马的同伴。在读书的时候，我们往往会跟自己座位相近的同学成为朋友。随着年龄的增长，阅历越丰富，选择朋友的标准也变得更加成熟，更加明确。共同的志趣，成为我们交友最普遍的准则。

朋友，需要从很多人之中去选择，就如沙里淘金一般，即使将沙淘尽，也未必能收获金子，故而有"人生得一知己足矣"的感叹。古罗马著名哲学家西塞罗曾经说过："人类从无所不能的上帝那里得到的最美好、最珍贵的礼物就是友谊。"

人的一生，如果能够交上和自己有着共同理想和兴趣的好朋友，不仅可以得到情感的慰藉，彼此之间可以互相砥砺、相互扶持，共同面对人生风雨。这样的朋友必将成为你人生的后盾，在你高兴时与你分享快乐，在你悲伤时与你分担痛苦，在你得意时衷心地祝福你，在你失意时伸出援手。

适度竞争能带来幸福感

唾手可得未必是幸福的。

人类同其他动物一样,对一定量的生存竞争较为适应,而在占有巨大的财富却不需付出任何努力时,在他的一切奇怪念头极易得到实现时,单是生活中这一努力的缺失就使他失去了幸福的一个根本要素。生活在这个世界上,就要学会面对生存竞争带来的种种压力,这种压力有时并不仅是引起我们疲惫痛苦的源头,它还是我们获得幸福的条件之一。

现实生活中,并不是每一个机会都戴着桂冠来到我们身边的,有些机会往往戴着危险面罩,让很多只看表面的人望而却步。竞争的危险中往往蕴藏着新的机会。那些善于思考的人,往往能变"危机"为"良机"。任何危机都蕴藏着新的机会，这是一条颠扑不破的人生哲理。很多时候看起来毫无价值的信息，在会思考的人心中就是一个好机会。受苦的人会把不幸当成人生的痛苦，而积极向上的人总是能把苦难当成自己飞得更高的财富。我们每个人身上都蕴藏着巨大的潜能。有时候，我们需要把自己逼到一个"悬崖"边，因为，只有在生存竞争的重压之下，我们的潜能才能得到最大的发挥。

9 职场合作与生存

正确理解合作的意义是成功的基础

人类对价值和成功的所有的判断,最后都是以合作为基础的。

我们发现,所有失败者的共同点就是合作能力极低,而那些受到我们欣赏和尊重的成功者则是深知合作之道。可见,合作是评断一个人成功程度的基本标准。倘若我们想要得知某人的成功概率,最佳方法就是观察他与人合作的能力大小。

基于这个原则,我们对于行为、理想、目标、行动以及性格特征的所有要求,就是它们应当有益于人类的合作。没有人完全缺乏社会感。连神经症患者和罪犯也知道这个公开的秘密;不然他们不会不遗余力地为自己的生活方式开脱,千方百计地把责任推给别人。从这些我们都可以看到他们是知道这个准则的。既然如此,为什么他们还会走向那条已知是错误的路?因为,他们已没有勇气去过一种有用的生活。他们内心的自卑情结不断地在心中重复着:"你不可能会与人合作。"他们只能选择避开生命中真正存在的问题,与虚无的阴影搏斗从而肯定自己的力量。

值得注意的是,尽管合作是人类获得的一个不证自明的道理,但是我们不能奢求一个没有学过怎样憋气的孩子突然一下成为游泳健将。对于合作——这个人类在自我发展、自我认知的过程中所获得的最普遍的真理,我们必须进行充分的学习与锻炼。只有对其有了充分的认识,才能真正地成为我们成功的基石。

因为合作,才有分工

正因为人类学会了合作,我们才能有劳动分工这一伟大发现,这是人类幸福的首要保障。

人类之所以采用分工的方式进行发展，就是因为我们需要合作。它是保障人类幸福的理想制度。假使每一个人都不愿意合作，也不愿去继承过去前辈们留下的成果，而只是想凭一己之力在地球上谋生，那么人类的生命必然没有延续下去的可能。如果每个人都靠一己之力在地球上奋力谋生，不进行合作，不依靠过去合作产生的结果和裨益，人类的生命绝对不可能延续下去。通过劳动分工，我们得以将许多不同训练的结果运用起来，将许多不同的能力组织起来。这样，每个人都能为人类共同利益做出贡献，保证了人类的安全，并且增加了社会每个成员的机会。确实，我们还不能宣称自己取得了所能取得的一切成就，也不能宣称劳动分工已经发展到尽善尽美。解决工作问题的任何努力都必须在这一大纲之中：劳动分工，以及为大众利益做出贡献而共同努力。

只有通过社会分工，才使我们得以获得在人类劳动分工的基础上，生成的不同工作领域里存在的各种各样的目标。也许就如我们所看到的，每种目标都可能有一些小错,我们总会找到可指摘的东西。但是,人类的合作需要许许多多各不相同的长处。只有人类彼此之间亲密合作,才能使每个人的优点,最终在社会的发展中发挥最大的功效。

社会情感是人类能力发展的基础

如果没有社会情感,人的其他能力的发展,比如理解力和逻辑感,都是不可想象的。

如果想知道社会情感有多么高的程度是合乎真理和逻辑的,我们只需要简单地对人的历史做一番回顾,很快我们就会发现,人总是群体地生活在一起。这个事实并不令人吃惊。因为任何单个不能保护自己的动物,出于自我保护的原因,总是被迫群居在一起。

把狮子和人做一比较,尽管它已被人类驯服,但是若论个体,我们就不会怀疑,人作为动物的一个种类，个体想要单独生存的想法是多么幼稚。因此社会情感给个体一种安全感，而这种安全感将是他生活的主要支撑。

因为对社会情感的需要，我们才发展了诸如理解力和逻辑感等能力。如果是完全独居的人，则根本不需要逻辑之类这些能力，或者说他对逻辑的需要不会多于任何一个动物。另一方面，一个人若想不断地与人接触和交往，他就必须使用语言、逻辑和常识，这样他才能继续发展社会情感。这也是所有逻辑思考的最终目的。比如有时候，有些人的行为在我们看来很不明智，不过，从行为者的目的来看，这些行为却是完全明智的。这种现象经常发生在那些总以为别人也会像他们一样看问题的人身上。这也表明社会情感和常识在行为判断上是多么重要。

衡量个人成功的标准在于对社会的价值

潜意识里,我们总是赞美那些对社会有益的行为,唾弃那些对社会不利或有害的行为。

"惩恶扬善",是我们每个人心中最基本的道德评定,这是一种社会感的表现。我们所有的教育规则和教育方法绝对不能忽视对群体思想和社会适应思想的教育。所有教育的目的都应该带有社会性。我们知道人们天生具有社会感,只有对和我们生活在同一片天空下人们产生的共生的感觉才能让我们的社会更和谐。

我们观察到所有的教育错误之所以是错误的,都是因为我们认为它们对社会造成了有害的影响。任何伟大的成就,甚至人类能力的任何发展也都是在社会生活中并朝向社会感情的方向实现的。

看看世界上取得巨大成功的人们,几乎无一例外地都选择了回报社会。连续13年高踞世界首富宝座的比尔·盖茨在正式退居二线的同时,宣布把580亿美元的个人财产全数捐给他和夫人共同创立的比尔和梅琳达·盖茨基金会。卡内基说:"拥巨富而死者以耻辱终。"于是他捐出了全部身家,并在其《财富的原则》一书中提出:"我给儿子留下万能的美元,无异于给他留下一个诅咒。"金钱的拥有量不能判定一个人成功与否,但是一个人对于金钱的处理方式,则是衡量其成功的一个标志。卡耐基、比尔·盖茨选择将自己从社会上获得的财富再回馈给社会,他们以一种对社会有益的方式来处理自己的财富。现在他们不再是最富有的,但是他们永远成了人们心中最成功的人。

所有的生活方式都以社会生活为基础

在人类悠久的文明史中，我们每个人所选择的生活方式都必然受限于所处的社会生活环境。

社会生活的法则确实像气候的法则一样是显而易见的。气候的法则迫使人们采取一定的措施以抵御寒冷，比如修建房屋。社会和社会生活的约束力存在于制度中，对这些制度的种种形式我们无须完全理解，比如宗教。在宗教中，社会规范的神圣化成了社会成员间的一种契约。如果我们的生活状况首先要取决于自然的支配，那么它还要受到人类社会和公共生活的制约，以及从社会生活中自发产生的法则和规律的制约。社会需要调整着人与人之间的所有关系。人的社会生活先于其个人生活。

这很容易解释清楚。整个动物王国都显示出

一个基本法则,即物种的个体如果没有能力为保存自身而进行斗争,那么它们就会通过群居生活而获得新的力量。

群居本能最终帮助人类达到这样一个关键阶段:在与恶劣生存环境做斗争时,不断演化发展且最值得注意的是灵魂,灵魂的本质植根于社会生活的必要性中。

完成生活意义的基础在于合作

假使每个有独立思想的人,都能以合作的方式来面对生活中的种种问题,那么人类社会的进步将永无止境。

解决生活中所遇到的各种问题都需要合作的能力,每种工作也都必须放在人类社会这个大环境下,以能够增进人类幸福的方式来进行。因此,完成生活意义的基础在于合作的人,只有了解他才能以足够的勇气和更大的成功机会来应付将要面对的困难。

很多老师和父母都想要帮助孩子确立正确的人生观,从而认识生活的意义,以此来帮助孩子确立正确的人生目标。很多时候他们犯了基本的错误,那就是只注重追求个人的生活的意义。确立这种生活观念的孩子,将缺乏社会感,他们不懂得合作,更不会了解合作的意义。这类孩子在面对生活中遇到的问题时,多数会有些盲目的乐观。因为他们对待生活的意义过于局限,以至于他们在确定生活目标时也局限于此。这种个人意义导向下的短期目标是相对轻松的,但是在步入新的环境中,人生的目标随之调整时,他们就被打败了。因为他们不知道合作的意义,也不懂得如何与人合作,所以只能自己解决生活中的种种问题,结果当然是失败的。

因此,作为社会中的个体,我们应该清楚地认识到,要想获得个体的成功,首先要做的并不是个人埋头苦干,而应是学会如何与人合作。这样才能走上成功之路。

遇到挫折时,只能靠自己

我是自己行为的主宰者。

我们都清楚,人生在世,谁都会遇到挫折,更应该认识到,适度的挫折具有一定的积极意义,它可以帮助人们驱走惰性,促人奋进。挫折是一种挑战和考验。英国哲学家培根说:"超越自然的奇迹多是在对逆境的征服中出现的。"关键在于,我们应该如何面对挫折。

草地上有一个蛹,被一个小孩发现并带回了家。过了几天,蛹上出现了一道小裂缝,里面的蝴蝶挣扎了好长时间,身子似乎被卡住了,一直出不来。天真的孩子看到蛹中的蝴蝶痛苦挣扎的样子十分不忍,于是便拿起剪刀把蛹壳剪开,帮助蝴蝶脱蛹出来。然而,由于这只蝴蝶没有经过破蛹前必须经过的痛苦挣扎,以至于出壳后身躯臃肿,翅膀干瘪，根本飞不起来，不久就死了。自然，这只蝴蝶的欢乐也就随着它的死亡而永远地消失了。这个小故事也说明了一个人生道理：要得到欢乐就必须能够承受痛苦和挫折。这是对人的磨炼，也是一个人成长必经的过程。

生活中的挫折，我们应该看成是一种人生的历练。只有经历了生活的洗礼，困难的磨炼，以一种恬淡平和的心境，去感悟其中的生活哲学，才能够获得成功的能量。"一种美好的心情，比十服良药更能解除生理上的疲惫和痛楚。"

10 缩短交往的距离

缔结友谊是人类最古老的愿望

人类最古老的愿望之一就是和彼此之间缔结友谊。

古今中外没有人不渴望友谊。孔子说，独学而无友，则孤陋而寡闻。那么，什么是友谊？

梁实秋在《谈友谊》一文中为我们提供了一个答案："所谓友谊实即人与人之间的一种良好的关系，其中包括了解、欣赏、信任、容忍、牺牲……诸多美德。如果以友谊做基础，则其他的各种关系如父子夫妇兄弟之类均可圆满地建立起来。"

一个人要获得真正的友谊，并非一件容易的事。它需要双方都以真诚、不功利的心去对待。有的人今天想要友谊时对他人就好得不得了，明天不想要友谊时则冷若冰霜；有的人需要帮助时才想到朋友的重要，不需要时则嫌麻烦，甚至懒得搭理，这样的人很难获得真正的友谊。真正的友谊不能从个人的私利出发，带有功利心缔结的友谊是不能长久的。正如古人言："以势交者，势尽则疏；以利交者，利尽则散。"

这也就解释了人们为什么对青少年时代建立起来的友谊最珍惜，因为那时的人们最纯洁、最真诚、最无私、最没有利己心。所以真正的友谊要忠实，要真诚，要赤诚。既是朋友，就要彼此信任，就要诚恳实在，就要襟怀坦白，就要推心置腹。有人认为：只有诤友才能称之为真正的朋友。因为他敢于当面指出你的缺点，只为了让你变得更优秀，而于他自己毫无利益可言。

总之，当一个人对待朋友认真、投入、热诚，便不难获得真正的友谊。就如俄国诗人普希金所说："不论是多情的诗句，漂亮的文章，还是闲暇的欢乐，什么都不能代替无比亲密的友情。"得不到友谊的人是世界上最孤独的可怜人。

友谊让我们从另一个角度了解自己

通过友谊，我们学会用另一个人的眼睛来观看，用他的双耳来聆听，用他的心来感受。

友谊是产生社会感的途径之一。对于那些总是受到家人极度看管和保护的孩子，将在孤独中长大，没有朋友，没有伙伴。那么今后他也不会产生与别人认同的能力。他总是认为自己是世界上最重要的人，总是迫切地去保护自己的利益。这种人没有办法取得较高的成就，因为人是通过他人才能更好地认清自己并取得进步的。

在友谊给人带来成功的问题上，无产阶级导师马克思和恩格斯堪称典范。马克思及其家庭非常穷困，为了不让马克思中断《资本论》的写作，恩格斯到他父亲的公司当经理，从事他所痛恨的资本家的"该死的商业"，就为了资助马克思完成

《资本论》的写作。所以，从某种意义上说，马克思之所以能在无产阶级事业上有如此大的成就，离不开恩格斯的无私帮助。《资本论》第一卷问世之后，马克思在对恩格斯的信中这样说："这件事之所以成为可能，我只能归功于你，没有你对我的牺牲精神，我绝不可能完成我那些作品。"为此，列宁曾经这样评价："古老的传说中有各种各样非常动人的友谊故事，后来的欧洲无产阶级可以说，它的科学是由两位学者和战士创造的，他们的关系超过了古人关于人类友谊的一切最动人的传说。"可见，友谊对于个人取得成功是多么重要的因素。

理解朋友是社会关系的基础

充分地理解朋友是绝对必要的，这也是社会关系的基础。

现代社会的生活模式，让我们过着相互隔离

的生活。在不远的过去,人们不可能像今天这样相互隔离地生活。我们从童年伊始就很少与人性发生联系,被家庭"隔离"。整个生活方式也抑制了我们与同伴之间那种必需的、亲密的接触,而这种接触对发展人性的科学和艺术是非常重要的。

由于我们与同伴之间缺乏足够的接触,我们就本能地与同伴成为"敌人"。我们对待他们的行为常常是错误的,我们的判断也往往是错误的,而这一切都是因为我们不能充分地理解人性。生活中,人们天天碰见、天天说话,彼此之间却没有交流,因为他们都视对方形同陌生人。这个事实不仅在社会上存在,而且也存在家庭这个小圈子里。我们常听见父母抱怨他们的孩子不理解自己,而孩子们则抱怨自己受到父母的误解。我们对待同伴的整体态度取决于我们是否真正理解他们。因此,理解同伴是绝对必要的,它是社会关系的基础。

如果人们拥有足够的知识,对待同伴理性又不失人性,那么他们将相处得更为容易,令人不安的社会关系就可能得到解决。因为,不幸的社会关系只有在我们相互不理解时才可能发生,由此我们会陷入被表面的装腔作势所欺骗的危险之中。

理解让我们更好地相处

如果人们彼此之间能更好地理解,那么,人类彼此之间一定会更好地相处,更好地亲近。

社会是如此的纷繁复杂,却又如此的多姿多彩。人与人这种隔离而居的生活,让彼此之间存在着太多的误会与矛盾。不同的个性,不同的爱好,不同经历的人都要相互理解。父母要理解子女,才能消除代沟;老师要理解学生,才能消除隔膜;上司要理解下属,才能凝聚人心。

人与人的心灵之间就好比河流的两岸,中间隔着浩浩流淌的河水,而河的两岸则是永远平行地延伸,无法相交。但是人与人之间需要交流,如果不能相互了解，必然会造成许多的误会与遗憾。所以，人们的心灵之间应该架上"理解之桥"越过河水的阻隔，牵连彼此，才能让人与人之间更好地沟通与交流。

战国时期，赵国上卿蔺相如，因在渑池会上保住了赵王的面子，后来又用智慧保住了和氏璧，被赵王封为上卿，官比劳苦功高的廉颇大，廉颇不服气，扬言要当面羞辱蔺相如。蔺相如处处忍让，并告诉手下人，自己不是怕廉颇，而是怕将相失和，让秦国有机可乘。廉颇知道后，很惭愧，脱了上衣，身背荆条，向蔺相如请罪。可见相互理解是多么重要，它能让心有不甘的武夫，霎时变得五体投地。

现代社会，人们的交往非常方便快捷，在这样一个多元的社会中，人与人之间，国与国之间存在着巨大差异，有不同的宗教信仰，不同的生活方式乃至不同的社会制度。因此，我们更加需要互相理解，只有理解，才能消除隔阂、歧见，共同为人类的发展努力。

极力营造欢乐的生活气氛

能给他人带去欢乐的人,看上去总是那么妙趣横生。

生活中,很多人总是慨叹人与人之间的隔膜太厚,于是小心谨慎,以致人情冷漠。其实,这隔膜很脆弱,问题是敢于先打破它的人太少。哪怕只是一个微笑的眼神,一次轻轻地点头,你就已经主动地迈出了第一步。只要每人都迈出一小步,你就会发现,一个微笑,就能让这层隔膜倏忽不见。

微笑这个最简单的表情,却是每个人最美的名片,也是世界上最动听的语言。但是总有人忽视它的存在,甚至误用。比如,在他人痛苦的时候表现出快乐。欢乐产生于不合时宜的时间和地点,实际上是对社会感的排斥和破坏,这只能是一种分离性的情感,一种征服的工具。好在还有一些人很有能力运用它,他们总是处在快乐的情绪之中。他们极力营造一种欢乐的气氛,以之作为他们生活的必要基础,他们强调生活中光明的一面。在他们中间,我们能够发现处于不同层次的欢乐。他们中的有些人有着孩子气的欢乐,并且在他们的孩子气中,有着某些感人的东西。他们对待工作依靠的不是逃避,而是用某种游戏的、孩子气的方法,并像在游戏或猜谜中去解决他们的工作。或许,再也没有比这种态度中的人更富有同情心和更为美丽迷人的人了。

所以,希望获得幸福的人们,请将你的嘴角轻轻上扬,真诚的微笑就会为你打开一扇心门,打开了心门,你将拥有整个美丽的世界!微笑吧,用微笑传递我们的爱心,让爱遍布神州大地,遍布世界角落,让每个地方都常驻春天!

微笑让彼此更接近

笑,能够建立联系,同时也能够摧毁它。

笑,这种情绪的表达是个奇妙的矛盾体,有时它给人们带来伙伴,有时又将他们带走。生活中,我们都愿意和这样的人交往:每一个笑容都饱含真诚。面对他人的成功,他总是真诚地送出祝贺。得知他人的失败他总是流露出真心的难过。陀思妥耶夫斯基作为一个高瞻远瞩的心理学家,曾经说过:"通过一个人的笑比通过一种乏味的心理学调查更能认识一个人的性格。"通过他们真诚的微笑,我们知道他们必然有高度的社会感。因为只有具有高度社会感,将生活的意义定义为与人为善、共同合作、面对生活问题的人,才能对生活中的他人永远面带真诚的微笑。

同时，我们都听到过那些嘲笑他人不幸的带有攻击性的笑声。这类人必然不善于，或者根本不乐于与人合作，他们不愿意真诚地对待他人，总是竖起一道自我防备的墙。他们几乎不能笑，自然也就丧失了给予或表现欢乐的能力。因为缺少了笑这个与人连接最好的手段，他们变得越来越孤立，自然也就看不到生活的快乐所在，因为没有一种快乐是只属于一个人的。它总是在人们的亲密合作之中产生的。

由此可见，微笑拥有多么神奇的力量，它能将人带入快乐的中心，也能将人带入孤独的崖边。

快乐能拉近人与人之间的距离

快乐不会让人与人隔离。

西方谚语说："你笑，全世界都跟着你笑；你哭，全世界只有你一个人在哭。"它以最直接的方式向我们表达了笑对于自己和他人的意义。快乐能够拉近人与人之间的距离，人们都愿意和你分享你的快乐，因为生活中的欢乐是不断积累的。而当你难过的时候，只能是你一个人在痛苦，没有人能够为你解忧，并不是不愿意，而是只有你自己才知道你究竟是为了什么事情而悲伤。

正因为快乐的真谛在于分享，如果快乐不能分享，就不是真正的快乐。它的表现是寻找一个同伴，互相拥抱，快乐的人需要共戏、共性、共赏。因此，它寻求同伴之间的手牵手，它类似于温暖从一个人身上连接到另一个人身上，没有减少，只有共享。

事实上，快乐可能是征服障碍的最好表现。欢笑，与快乐紧密相随并一起超越了个性的界限，使自身和对他人的同情紧密相连。于是有人说：快乐的最高境界是朋友之间的互相信任，即使被离间被挑拨也从未怀疑过彼此，而后几个人一起实现了人生的梦想。这告诉我们快乐并不是坐等分享，它既非一份礼物，也不是一项权利；你得主动寻觅、努力追求，才能得到。这才是真正的快乐之道。

11 把握交往的智慧

融于群体,也要立于群体

群体中的个体,经由群体的影响,感情和智商都会发生变化。

有位农夫临死之前,把三个儿子叫到面前,让他们分别折一根筷子,三个儿子身强力壮,很轻松地就折断了。农夫又让三个儿子分别折一把筷子,这一次三个儿子用了九牛二虎之力也没有折断。农夫叹了口气说:"你们就像这筷子,只要你们三个人团结在一起,就没有越不过的障碍。"说完,他便咽气了。三个儿子牢记父亲的话,最终成了有所作为的人。

一滴水只有放进大海才不会干涸。一个人只有把自己和集体融合在一起时才有力量。然而弗洛伊德也指出,个体融入群体中时,他的情感倾向会非常强烈，但倘若让他放弃了自己特有倾向的表现，那么他自己的价值就会降低。

在历史的滚滚长河中，个人的作用会被稀释，但每个人存在的意义都是历史进程中的一部分，虽然非常微小，但确实存在。恩格斯曾经说过，在历史过程中，许多相互冲突的单个意志构成无数力的平行四边形，形成一个推动历史前进的总合力，在这个合力中，每个意志都有所贡献，都不等于零。可见，每一个人都可以在历史上起一定的作用，在历史的总的合力中，每个单个人的力量都不等于零；当然每个人扮演的角色是不同的，但都不能否认任何一个普通社会成员在社会发展中的作用。

保守秘密也是一种智慧

对秘密缺乏沉默的能力，并且不负责任地想窥探没有人要看的东西，就会为自己惹来麻烦，或者牢狱之灾，或者杀身之祸。

在捷克流传着这样一个故事：圣约翰内伯穆克曾是国王瓦茨拉夫四世王后的忏悔牧师。国王因怀疑王后与别人有私情，便找到内伯穆克，要求他说出王后在祷告时透露的隐私。内伯穆克恪守教规，拒绝国王的要求。国王恼羞成怒，命士兵将内伯穆克从查理大桥上扔进了河里……传说中，内伯穆克被河水淹没的一刹那，上方的天空中突然奇迹般出现了五颗闪烁的星星，似乎是要哀悼他的离去。从此，在捷克人眼中，内伯穆克是保守秘密而不惜牺牲生命的英雄。

在生活中，有人总是喜欢窥探别人的秘密，却不知如何用沉默来保守这个秘密。一旦秘密成了公开的秘密，他人对你的尊重也就荡然无存了。沉默是金，或许并非箴言，却也是些许道德修养与个人素质的凝聚。

学会用沉默保守秘密，是一种智慧。体悟他人抑或自己的人生百态炎凉，唯有沉默才能安抚世间迷途的彷徨。用沉默为他人保守秘密，是对他人的一份尊重，是对自我的一种考验，是对信任的一份嘉奖。品味沉默如何在时间的沙漏里，淘出那澄澈的魅力。

选择倾诉的对象

如何倾诉也是一门学问。

"言于可与言者"，选择能够倾诉的对象，才会有心灵的交流与共鸣。把内心的烦恼告诉自己的知己好友，心情会顿感舒畅。倾诉可取得内心感情与外界刺激的平衡，去灾免病。当遇到不幸、烦恼和不顺心的事之后，请不要将忧郁压抑，把心事深埋心底，而应将这些烦恼向你依赖、头脑冷静、善解人意的人倾诉。

每个人在人生的长河中漂流时，都会经历险滩，有平缓有跌宕，人生的河里有时会涨满水，也会由于各种情绪不断填充而淤塞。能不能引流和疏通，则看每个人在这方面的能力了。当心里烦闷的时候，找到一个可以诉说的对象，将心中的苦闷忧郁，向对方诉说时，溢满心中的惆怅就会轻快地向外流淌；你对真正的朋友叙述着抑郁时，理解和友爱才会真正消除你心中的淤塞。

倾诉要看对象，不然就是自讨没趣。要知道，不是任何人都可以作为你倾诉的对象，也不是任何场合都适合进行倾诉的。在适当的场合向适当的人倾诉，才会达到倾诉的效果和目的；反之，则会收到事倍功半的效果。选择了正确的倾诉对象，才会让人们在倾诉中获得安详宁静，释放心灵的一隅，获得心灵的慰藉，看到一个安然的世界，孤独在倾诉中才会化为烟云，痛苦在风中漫天飞舞，袅袅飘散，才会获得释放的快乐，进而得到轻松的幸福。

人不能没有个性

人人需求同一，人人都是一个样，谁若感觉不同，谁就进疯人院。

人不能没有个性，不管别人怎样看待。个性是每一个人都拥有且真正属于自己的东西，它是使生命灿烂的斑斓色彩。

没有个性的人，平淡得就像白开水，且如白开水一样没有自己的形状，它是任人摆布的。真正有个性的人不是白开水，而是从悬崖直泻下来"飞流直下三千尺"的银练，是从山洞欢跳而出的泉流，是奔腾不息的江河，是浩瀚无边的大海。

一个人的个性哪怕在别人看来有些怪异或可笑，但只要是积极的，就应当坚持，并且让它开出生命的绚丽花朵。社会纷纭杂乱，人很容易随波逐流而失去自我，要知道人如果没有了独立的自我，没有了个体生命的追求，就会千人一面，就会犹如行尸走肉。人不是他人的附属品抑或复制品，要做自己的主人，还要使自己的个性体现出真正的价值。"出淤泥而不染"是个性，对事业的执着是个性，面对险境挺身而出也是个性。

没有个性是件可怕的事，学习中可能只会咀嚼别人啃过的东西，思想上会走入盲目的泥潭，生活中也可能会陷入别人设下的陷阱。走的是别人的老路而没有自己的头脑,真理就会和他擦肩而过,生命亦会失去原本的精彩。

在自信中获救

自信可以让人充满魅力,进而征服周围的人。

古今中外,大凡自信的人,都基本上成就一番大事业。唐代大诗人李白,就是一例。他对自己很欣赏,放歌山水,放歌宫廷,没有人能和他的诗才匹敌,最终成为一代诗圣。爱默生说过:"自信是英雄的本质,信心是成功的第一秘诀。"每个人只要做到相信自己,你就有了自信的力量,在自己的人生道路上大有成就。你就能为自己的生命添砖加瓦,让生命富有价值。

阿基米德曾经说过:"给我一个支点,我就能够撬动地球。"这是多么豪迈而自信的语言。可见自信能够唤醒沉睡的潜能。

人们面对自己所遇到的挫折和困难时，很多人都是自怨自艾，放弃了对美好前程的追求，放弃了对生活的信心。谁都不能预料到前面的路有多长，谁都不能算出自己的命运如何。莎士比亚说过："自信是成功的第一步。"一切都掌握在自己手中，只有自信地生活，才能给未知的生活加上更多的成功的砝码。

能力要善于展现

不但要善于演奏，而且要善于让人看到和听到。

只有当一个人的风采得到全部的释放与展现时，个人的魅力才得以彰显。而且要善于根据不同的场合，抓住每一个难得的机会，将自我最完美的一面展现出来，才是智慧的。

善于表现自己的人，才会在生活、工作、学习中占有主动。善于表现自我并不是自傲、逞能，而是有能力用自己的胆识和自信来干一番事业。

只要表现自己的东西是真实的,那么就足够了。只有善于表现自己的人,才会拥有更多的成功机会。机遇往往会光顾每个人,如果一味地掩饰自己、封闭自我,这样的人反而抓不住机遇,再有才华的人也会被埋没一生。一个人不会时刻都面临机遇,要抓住和创造机遇,必须付出你的实际行动,表现自我,展现实力。

现代社会是一个开放的社会,一个人想在事业上有所作为就要善于表现自己,把自己的才能展示给别人,才会让别人认可你。不要放过表现自己的机会,抓住它,下一个成功的人也许就是你。

经历并不等于经验

无论是什么样的经历,如果没有事后的总结与反思,就如同吃饭而不咀嚼一样,结果不过是将食物在肠胃当中过一遍而已,根本没有消化吸收。

歌德曾说:"知之尚需用之,思之犹应为之。"人总会慢慢地成长,慢慢地懂事,慢慢地成熟。成熟需要一个健康自由的社会环境,需要个人具备良好的独立思考能力与自我反省能力。人在生活中会经历很多事情,只有把经历进行反思总结时,才会体现这些经历的价值。其实,人的才干的增长,更需要不断地认真反思经验教训。

反思,需要内心的勇气;反思,需要实事求是的态度;反思需要学会他人的长处;反思,应该辩证的分析;反思,更需要落实到行动中去。聪明者不在于不走弯路与错路,而是少走弯路与错路,特别是走弯路与错路后懂得及时回头,不能撞了南墙还不回头,那就不可救药了。

一个不具备总结反思能力的青年,很难迅速成长起来;一个不懂得总结历史的民族,是没有前途的民族。当然,反思不是否定自己,而是走向成功的催化剂。请在总结反思的智慧下,把经历变为经验,把挫折变为动力,只有这样才能在重新扬起风帆前进的时候,信心满满,斗志昂扬。

12 平衡社会与自我

成功者更愿意与人交流

我们的目标和行为的唯一意义,就是它们对别人有意义。

我们经常能听见周围的人感叹,现在人与人的关系真是一年不如一年。曾经我们居住的物质水平很低,但是邻里关系很近。现在我们居住的条件提升了,与周围的人的距离也更远了,个人的私密性有了,可是存在感却越来越少了。为什么呢?是什么导致我们成了今天这样?难道物质条件的提高是错的?答案当然不是。只是人们在追求物质的同时,忽视了沟通和交流的需要。

有人也许会说,现在忙着讨生活都没时间,哪有时间交流。忙自己的事都忙不过来呢。其实不然,如果留心我们周围那些取得成功的人,往往并不是那些总是埋头自己工作的人,而是那些总是愿意和他人交流,帮助他人的人。他们似乎总是能很好地处理生活中的问题。他们所做的每件事情似乎都被大家所喜爱,当他们遇到问题时也会有许多同伴相助。究其原因,我们发现他们似乎都对自己的行为方式有很深刻的认识:那就是生活的意义,就在于对别人发生兴趣,然后合作互助。

社会生活是人的根本出路

社会性是人的宿命。

将与他人进行互助合作作为生活的意义,可以说是从人类最原始的属性出发的。从小我们就被教育"一根筷子易折断,一把筷子不易折""众人拾柴火焰高"。其实,这就是历史经验要告诉我们的最基本的生存哲学——较弱的动物种类总是过着群居的生活,以此通过集合集体的力量来满足各个个体成员的需求。

人没有尖爪利牙,没有毛皮翅膀,几乎毫无进攻能力。人只能选择过社会生活。

人是社会的动物,这是人的宿命,社会生活是人的根本出路。个体生存无可逃避的三个基本问题,即人与他人的关系,与职业的关系,与异性的关系,这一切都表明人是一个社会的存在。所以对他人产生兴趣,并与之合作已经更多的是我们生存的基本需要。社会生活的开始其实是植根于我们个人的软弱无力之中的。不懂与人合作,必然走向无边的孤独。

没有人能够完全脱离社会而生存

没有人能够完全脱离社会,也没有任何理由能使我们逃离对社会的责任。

人类是以群居的模式生存的,所以我们从降生之日起,就注定了我们具有社会感,只是每个人的社会感各有大小。人是一个既简单又复杂的种族，人们彼此之间既渴望被了解，又都不敢完全将自己的人格特征暴露在众人面前。因此，除非用社会感概念作为一个标准，才能对人们的思想和行动进行衡量，否则我们别无他法。

这个认知必须得到维护，因为处在人类社会共同体内的每一个体都必须确认与社会的关联性。我们都处在社会生活之中，每个人都受到共同生活的逻辑支配。社会感在任何个体中的发展程度都是衡量人的价值的唯一标准，是普遍有效的。没有人会完全没有社会感，所以我们很难拒绝自己对社会感的心理依据，因此也就更不能逃脱对同伴的责任，不仅仅因为社会感的天然存在，还因为社会不停地用它警示的声音来提醒我们人类对于彼此的重要性。

个体不可能孤立地存在

最孤独的时候,你仍然拥有自己的陪伴。

弗洛伊德指出,在个人的心理活动中,始终都会有他人的参与,不管他人是以何种身份存在,个人都不可能孤立地存在,而所形成的个体心理学也会被扩充为社会心理学。社会中,人总不会是孤立存在的,人的生活中总是需要他人的参与、他人的合作,才可以成就一番事业。

合作是必然的选择。我们的世界就像一台复杂的机器,它能轰鸣地运转着的原因不仅仅是由于一个方向盘、一个螺丝,或者一个齿轮,它需要整台机器所有部分的合作,哪怕局部的一点点的松懈,都可能影响整台机器的正常工作。

俗话说"兄弟同心,其利断金。""众人拾柴火焰高。""三个臭皮匠,顶个诸葛亮。"合作产生的力量是不可小觑的。正如我们通常所说,一根手指连一颗豆子也拿不起,可是五根手指一起合作,抓起一把豆子都毫不费力,当它握紧时,就成了一个拥有力量的拳头。

合作,用真诚与胸怀,才能向同一个目标奋进。不管结局最后如何,不得不承认这个合作的过程是快乐的。道不同不相为谋,没有一个共同的目标,合作是没有基础的;彼此之间没有真诚的信赖,那么合作也只是一个形式;没有一定的胸襟,不愿与人共享,合作就是难以长久的。因此,一个人永远不可能孤立地存在,学会合作,才会更好地生活在这个社会中。

不要被任何威望麻痹

威望是由某个人、某一作品或某个观点煽动起来支配我们的东西。它能麻痹我们的批判能力,而使我们的心中充满惊愕和崇敬的感情,就如在催眠时唤起的那种"着迷"感觉一样。

"威望"一词多用于表示声誉和名望,最早出现于《宋书·刘敬宣传》:"一朝纵之,使陵朝廷,威望既成,则难图也。"通常一个极为有威望的人,有较强的号召力,当然也会令人心中充满恐惧和崇敬的感情。作家沙汀在作品《在其香居茶馆里》曾叙述:"他的大哥可是全县极有威望的耆宿,他的舅子是财务委员,县政上的活跃分子,都是很不好沾惹的。"这里恰恰说明了旧社会袍哥在四川地区的极具威望的现状,这种威望已经成为一种威慑力,是一般人望尘莫及的。

通常所说的威望,分为两种,一种是获得的或人为的威望,另一种是人格的威望。某个人要能赢得前一种威望需要靠名誉、财富和声望,有了这些物质精神的累积才可以确立某种威信。而某个见解或艺术品要赢得这种威望则需要靠传统,比如很多地方的传统特色美食,靠的就是传承了某种文化而具有了独特的威望。通常情况下,这种威望都需要追溯到过去,因此这种威望往往是历史的价值高于其他价值。人格的威望只有极为个别的人才有，这些人利用人格的威望变成了领袖人物。这种威望能使所有的人对他百依百顺，使他们变得仿佛受了某种有吸引力的魔术的影响似的。要注意的是，不要被任何一种威望所麻痹，保持自己的判断力，才会立足于这个社会。

与其崇拜他人，不如激发自己

激发自己，成就自己。

我们每个人都想要有意义的人生，可是我们都知道没有真正完全正确的人生模板给我们去模仿。没有一种生命意义是没有错误的，同样也没有哪个人的生活是完全无意义的。每个人的人生都是有缺陷的，不完美的。然而承认这种缺陷，而后努力寻求完美，才是人活出自我所需要的首要条件。所以说人生的意义其实没有对错，就像雅典圣德尔菲神庙上刻的那句，常常被苏格拉底用来自省的话，"活出你自己"。

肯定自己的独特性,做好自己,这是生命最重要的意义。我们需要与人合作,互相帮助,也需要欣赏他人。不能因此就发出"如果我是他,那就好了",诸如此类的感叹。人生若是如此,实在是太没有乐趣了。与人交往,与人比较,欣赏他人,只是我们能够更好地认识自己,成就自己的方式,而不是终极目的。与其崇拜他人,不如借此激发自己的潜能。认清独特的自己,无论好与坏,人生的每个细节都认真去做,勇于为自己所做的任何事承担责任,而后自己亲自体会其中的喜怒哀乐才是人生。

心界决定眼界,眼界影响"世界"

心有多大,你的世界就有多大。

在这个世界上,只有强者才能掌握自己的命运。当适度的权力欲成为一个人的美好品质时,他就会以一种永不屈服的斗志,昂扬的精神和毅力,克服种种困难,拥有自由,延展生命。

做一个强者,首先是做一个精神上的强者,一个坚忍不拔、威武不屈的人,要有不被眼前的困境所胁迫或者吓倒的气度,因为在这个世界上,其实并不存在人无法克服的艰难和困苦,在一个人在面临绝境行将没顶时,在气喘吁吁甚至筋疲力尽时,只要再坚持一下,奋力拼搏一下,困难就会被征服。

一个人的心界随着一个人的眼界的拓展而拓展,眼界小者和眼界大者所追求的境界也逐渐不同。当一个人把自己的心界扩展到无限远时,即庄子所说的"天地与我并生,而万物与我其一"的时候,就会把追逐"道"的境界当作自己的追求。

尽管命运将我们推向了时代的巅峰,但是我们要找到属于我们自己的精彩。种下一颗梦想的种子,用坚韧给它浇水,用乐观给它施肥。人生还没有走到终点,即使一个小小的努力,一点点的坚韧,也能让梦想轻舞飞扬。

如果一个人不把自己的胸怀扩大到极致,那

他的人生将很难有所成就。我们能走多远，人生能取得什么样的成就，关键就在于我们的人生境界，或者说是心界决定我们的视界。

一分钟

洞察人性

培育未来的希望　　　　　　　　◆ 亲子篇 ◆

游一行　著

西藏人民出版社

图书在版编目（CIP）数据

一分钟洞察人性.亲子篇：培育未来的希望/游一行著.--拉萨：西藏人民出版社，2024.--ISBN 978-7-223-07932-7

Ⅰ.B821-49；C913.11-49

中国国家版本馆CIP数据核字第2025U3W092号

一分钟洞察人性.亲子篇：培育未来的希望

著　　者	游一行
策　　划	计美旺扎　扎西欧珠
责任编辑	卓玛措
封面设计	李鹏
出版发行	西藏人民出版社（拉萨市林廓北路20号）
印　　刷	三河市祥达印刷包装有限公司
开　　本	710×1000　1/32
印　　张	15
字　　数	192千
版　　次	2025年7月第1版
印　　次	2025年7月第1次印刷
印　　数	01-10,000
书　　号	ISBN 978-7-223-07932-7
定　　价	69.00元（全三册）

版权所有　翻印必究

（如有印装质量问题，请与出版社发行部联系调换）

发行部联系电话（传真）：0891-6826115

前言

孩子的路让孩子自己走

当今社会孩子的心理问题越来越多,导致现在的父母压力剧增,甚至有些父母有种举步维艰之感。太过严厉怕伤害了孩子的自尊,太过温柔又怕对孩子太过娇宠。有些夫妻决定不生孩子,觉得自己承担不了教育子女的任务,产生了教育恐惧症。这有点因噎废食之嫌。其实父母不用太有压力,没有必要背负太过沉重的包袱,对孩子的教育要注意,但是不要太在意,不要自己给自己施加压力。

《儿童的人格教育》说:"父母既不要用玫瑰色的色彩美化现实,也不需要用悲观的态度来描摹世界。他们唯一的职责是让孩子尽可能充分地为生活做好准备,使他们以后能够应付自己的生活。"

所以,父母虽然有教育指导子女成长的义务,可是人生的路还是要孩子自己走,不用刻意去为孩子规划所有一切,过多的干预会让自己和孩子都身心俱疲,让孩子担负压力。我们只需要理解孩子,尊重他们的需求,认真倾听他们的心声。在他们不能区分好坏、对错的时候给予人性形成方面的指导就够了。父母对孩子过多的帮助与教育只会让孩子更依赖,甚至失去自己探求人生真谛的欲望。因为父母总是积极站在他们身后等着解决他们面对的所有问题。这种依赖只会让孩子更加丧失自己创造美好生活的勇气,也累坏了父母。所以,父母们请放轻松,教育孩子最好的方式,就是在安全合理的范围内对孩子放手,生活的经验才是最好的老师。

孩子唯一需要具备的就是,能够独立走完自己人生的勇气。

 目录

学什么以及怎么学

太过完美，反而不美 / 002

沉浸于艺术的真正目的 / 003

文化自信是我们身上最好的东西 / 004

只有自爱，才能自持 / 006

喜欢学习的人不会感到无聊 / 007

要学习学习的方法 / 009

源源不断的母爱

母爱是爱的最高形式 / 012

母亲是孩子第一个信任的人 / 013

母爱是一种毫无保留的肯定 / 014

母爱面前，人人平等 / 015

母爱永不褪色 / 017

母爱创造了母亲 / 018

为何母爱是消极体验 / 020

失去母爱,生活将失去色彩 / 021

斤斤计较的父爱

母爱代表自然,父爱代表思想 / 024

父母的不同任务卡 / 025

父母之爱各自发挥作用 / 026

过度宠爱是孩子失败的根源 / 028

父爱是一种有条件的爱 / 029

顺从和努力方可赢得父爱 / 031

父爱受孩子的控制和支配 / 032

完美平衡父母之爱 / 033

家校教育的合力

家庭是教育孩子的第一站 / 036

孩子需要的是安心、和谐的家庭氛围 / 038

学校教育是家庭教育的延伸 / 039

学校是生活艺术的发源地 / 041

学校不是模具加工厂 / 043

别让家校矛盾变得不可调和 / 044

鼓励孩子而不是评判孩子 / 046

宽容是教育者必需的品质 / 048

理解教师，帮助教师 / 049

惩罚只是手段，不是目的 / 050

不同时代有不同的教育

我们生活在焦虑的时代 / 054

变化的时代，没有不变的模式 / 055

区别教育有时候才是真正的平等 / 057

尊重和自由是真正对孩子的爱 / 058

没有天生注定的失败者或成功者 / 060

不会犯错的孩子不会有进步 / 061

成功才是成功之母 / 063

多元化时代不需要统一化评判 / 064

像对待玫瑰花一样对待孩子 / 065

青春是无价的瑰宝

用尽青春，奋力成长 / 068

每个人的青春都期待欣赏 / 070

创造性的生活充满活力 / 071

正确地表达青春 / 072

不要奢求超越所有人 / 073

读懂有棱有角的青春 / 075

幸福绝不会垂青懒散的人 / 076

青春期是场"大考"

不要过度渲染青春期的两性关系 / 080

教育孩子男女平等 / 081

重视青春期但不过度强调 / 083

青春需要鼓励 / 084

青春期"常见病" / 086

朋友的陪伴是青春期的偏方 / 087

青春期是场"大考" / 089

引导孩子告别逆反心理 / 090

教育的艺术在于"留白"

为人父母是一门艺术 / 094

不要溺爱孩子 / 095

不要贬损羞辱孩子 / 097
别把"虐待"说成"爱" / 099
恐惧失败就没办法成功 / 100
懒惰是失败者的保护伞 / 102
每个孩子都有自己的发展期 / 104
家庭暴富不要突然告诉孩子 / 105
健康的家庭是孩子幸福的模板 / 107

童年是未来的起跑线

每个人都有一个无法改变的童年 / 110
你的记忆将会出卖"你的秘密" / 111
童年的记忆是最宝贵的财富 / 113
起跑线到底在哪里 / 115
梦里啥都有 / 116
好梦留人睡 / 118
幻想能体现一个人的性格 / 119

成功永远比不上成长

我是谁,谁又是我 / 122
让孩子成功不如教孩子成长 / 123

内在品质比外在成功更有价值 / 125

卸下"武器"才能更好地照顾自己 / 126

成功之路本来就是孤独的 / 128

爱的陪伴让我们告别孤独 / 129

要自我但也不要只讲究自我 / 131

人生是场马拉松 / 132

平凡人也有享受幸福的权利 / 134

直面人生的勇气

假如生活没有欺骗你 / 138

勇敢面对，认真解决 / 139

每个生命都是独一无二的 / 141

角色伴随着责任而存在 / 142

不同的人群有着各自的烦恼 / 144

精神世界的贫瘠更可怕 / 146

真正的贫穷是缺乏自由意志 / 147

学会与人生嬉戏 / 149

1 学什么以及怎么学

太过完美,反而不美

真正的美,并不是无可挑剔、完美无瑕的。

断臂的维纳斯正是因为残缺,才奏响了追求可能存在无数双手的梦幻曲。在人生的道路上,我们追求完美,但并不能苛求完美。有一首诗这样写道:

一个人快乐,不是因为他拥有的多,而是因为他计较的少。

多是负担,是另一种失去;

少非不足,是另一种多余;

舍弃也不一定是失去,而是一种更宽阔的拥有。

对于完美,也是如此,过多的要求反而失去一种本真,失去事物的原有光华,当一切都达到你的要求时,你会突然有一种失落感,发现眼前的事物那样的陌生。事物之间之所以有千差万别，正是因为它们有其缺点也有其优点。当你试图改变所有缺点的时候，事物的本质也会随之发生改变。最后你会惊讶地发现，自己苦苦追求完美，到头来却什么也没有得到。完美并不美，真正的美，是一种带有瑕疵的美，它并不妨碍美的展现，而是把美衬托得更美。

沉浸于艺术的真正目的

艺术是人们的避难所。

在电影《死亡诗社》中，基廷老师向学生介绍了许多有思想的诗歌，并且教他们怎样去创作诗歌。诗歌的魅力让他们鼓起勇气，对抗威尔顿预备学院令人窒息的管理模式，用一个崭新的视角去观察周围的世界。诗歌让他们生活变得轻松，变得丰富多彩。艺术就是这样有一种神奇的魔力，当你听到那熟悉的歌谣时，似乎看到了自己愉快的童年；当你疲惫时，听听那舒缓的钢琴声，所有的烦恼便抛之脑后。

诗，是以灵魂为味的句子，每一篇诗歌都是诗人在用自己的心灵与世界对话。读诗可以让你暂时放下一切，回归本真的自我。当你被尘世的琐事所烦恼，不妨拿起一本诗集，读读海子，读读余光中，读读泰戈尔，此时你会忘记自己，沉浸在诗歌展现给你的意境中，抛却烦恼，自由自在。

文化自信是我们身上最好的东西

我们身上最好的东西往往是从古代的情感中继承下来的。

中国传统文化历经几千年的风风雨雨，将最美的一面赋予我们，是值得我们骄傲的财富。岁月的流逝，只是增加了一份历史的厚重感，它依然指导我们"路漫漫其修远兮，吾将上下而求索"。

传统的魅力往往隐藏在灵魂深处，那是烙印

着浓郁厚重的古典情怀。有人喜欢古典衣饰明艳的刺绣，玲珑的佩饰，飘逸的裙裾；有人喜欢古典美女柔媚内敛的情态，袅袅婷婷的风姿；有人喜欢古典文化凝练深邃的华章，源远流长的历史。这逝去的一切的美丽都以独特的姿态占据着我们的心灵空间，给予我们厚重的心灵慰藉。

清风明月，含英咀华，如痴如醉。博大精深、蕴藉丰厚的古典韵味更开启了后世"世事洞明皆学问"的思想泉源。钟爱陶渊明"采菊东篱下，悠然见南山"的恬淡闲适；向往李白"天生我材必有用，千金散尽还复来"的豁达狂放；慨叹杜甫"穷年忧黎元，叹息肠内热"的沉郁顿挫；感伤李商隐"春蚕到死丝方尽，蜡炬成灰泪始干"的深婉绮丽。

当然，作为紧跟高科技信息社会飞速前进的现代人，顺应时代潮流吐故纳新的同时，也要继承发扬古典文化的精粹。

只有自爱,才能自持

每个人只有学会自爱,才会懂得如何去爱别人。

一个不会爱自己的人也不配拥有别人的爱。自爱不是盲目的自我崇拜,而是对自己有清楚的认识,明白自己想要什么,能成为怎样的人,然后朝着自己的梦想努力。

夏洛蒂·勃朗特在《简·爱》中说:"就因为我一贫如洗、默默无闻、长相平庸、个子瘦小,就没有灵魂,没有心肠了?你不是想错了吗?我的心灵跟你一样丰富,我的心胸也跟你一样充实!要是上帝赐予我一点姿色和充足的财富,我会使你同我现在一样难分难舍,我不是根据习俗、常规,甚至也不是血肉之躯同你说话,而是我的灵魂同你的灵魂在对话,就仿佛我们两人穿过坟墓,站在上帝脚下,彼此平等,本来就如此!"懂得自尊自爱的简·爱最终获得了罗切斯特的爱情。也只有彼此自爱才能让他们最终获得幸福。

自爱意味着自由,你可以自由地做自己喜欢的事情,没有压力,以自己的快乐为最高的目的。自爱意味着宽容,你可以偶尔放纵自己,在压力下释放自己。自爱意味着孤寂,你要学会直面自己,与自己进行沟通,通过倾听自己,感受自己,追踪自己,放弃对自己的控制,从而表达自己,表现自己。当然自爱也意味着责任,把自己作为整个世界的一部分来理解,不能做一个自私者,一切以自我为中心。

喜欢学习的人不会感到无聊

知识永远都是新的。

古人云:"学不可以已。"在不断学习、不断积累知识的过程中,人们常常会感到身上有无穷的力量,这种力量促使他们不断将今天所学的知识转化为明天的智慧和教养。那无穷的力量恰恰就是尼采所说的对所有事情的美好期待,一旦人们认为所有的事情都是引人入胜的、所有的事情都在向好的方向发展时,就有无穷的动力。

相信所有的事情都在向着好的方向发展,对每个人有着无比巨大的诱惑力和感召力,多少人为了明天的美好在忙碌在奔波,又对明天的美好充满着期望。恋人希望明天和心爱的人见面;孩子希望明天是圣诞节;老人希望明天身体更健康;股民希望明天股票涨价;女人们希望明天更苗条……每一个明天在人们面前它都是一个奋斗的目标,因为大家始终相信每个明天都是新鲜的,都是充满挑战性的,都是美好的。

是的,每个人都面对着同样的阳光,相信一切都是向着好的方向发展。生活在如今这个竞争异常激烈的社会中,当你始终相信未来的一切都在向着好的方向发展时,那么今天自己的忠诚、拼搏、奋斗，都是在攀登人生顶峰的道路上的积累，而明天的一个个台阶则在脚下延伸，只有把一个又一个的台阶踩在自己的脚下，我们才能登上绝顶，才能一览众山小。

要学习学习的方法

学习和掌握学习的方法同样重要，必须善于学习。

有一个名叫亚克敦的英国人。他博览群书，把自家七万多册藏书都读遍了，做了大量的读书笔记和校勘，可以算是世界上读书最多的人之一了。可他连一篇文章也写不出来，终生一事无成。这是为什么呢？

这就是因为他不善于学习，没有掌握正确的读书方法。他没有把读书作为提高主观世界，改造客观世界的创造性过程。托尔斯泰曾经告诫说："如果学生在学校里学习的结果，是自己什么也不会创造,那他的一生将永远是模仿和抄袭。"学习需要智慧,只顾埋头苦干,不懂得触类旁通、举一反三是不行的。

"学而不思则罔,思而不学则殆。"善于学习,有时并不能依靠自己的天赋,而是在此基础上不断努力的过程。王安石在《伤仲永》中写道:"仲永之通悟,受之天也。其受之天也,贤于材人远矣。卒之为众人,则其受于人者不至也。彼其受之天也,如此其贤也,不受之人,且为众人;今夫不受之天,固众人,又不受之人,得为众人而已耶?"

如果你拥有别人无法超越的天赋,不要沾沾自喜,故步自封;如果上天没有眷顾你,也不必因此而懊恼。无论处于何种境遇,学会如何学习,如何改造自己才是最重要的,否则终将一事无成。

源源不断的母爱

母爱是爱的最高形式

母亲的爱是所有爱的形式中最无私的一种。

我们来想一想,在母亲那柔弱的双肩下,有着怎样的奉献力和牺牲精神。我们为母爱的无私和伟大所感染,在继续前行的人生里,燃烧着如母亲般的爱。也正是因为母亲和她的爱,世界才能够繁衍不息,并充满了爱与幸福。因此,无论人类的生命形式如何,母亲的名字永远是"牺牲"和"爱"。

正是因为母爱所具有的这种忘我无私的精神,人们就将母爱看作是爱情中最高形式的代表,也是一种世界上最神圣的感情联系。刚出生的婴儿如果没有母亲悉心地为他哺乳、喂食、换尿布、洗澡、教他说话、走路,是不可能安全、健康地长大的,而母亲的爱和温暖的怀抱也为婴儿提供了良好的环境,让婴儿的内心能够健康地成长。但是,对婴儿的爱并不是母爱中最值得赞美的部分,最让人钦佩、最值得赞美的应该是母亲对成长中孩子的爱。

母亲是孩子第一个信任的人

母亲的第一件工作就是让她的孩子感到她是值得信赖的人。

每个人都有对别人发生兴趣的能力,但是这种能力是需要被启发、被磨炼的,否则在它的发展过程中必然受到挫折。我们发现那些在儿童时期没有被很好重视,甚至被忽视的人,由于心中没有一个信赖的人,长大后对任何人都没有信任感。

而对于那些在正常家庭中成长的儿童来说,母亲是第一个被信赖的人。因此,母亲在儿童的社会情感和社会兴趣的发展方面起着至关重要的作用。但是母亲也不能让孩子的全部兴趣和注意力都集中在自己身上，而是应该适时地发展和扩展孩子的社会情感和社会兴趣。作为第一个唤醒孩子社会兴趣的人，怎样指导孩子把社会兴趣转入健康的渠道，并让其继续发展，是作为一位称职母亲必须面对的。这是一个富有挑战性，但又必须做好的工作。因为如果失败了，孩子就很难顺利融入社会，也不容易与同伴们较好地相处。当然除了母亲之外，还有其他的家庭影响因素，比如父亲的影响，孩子之间的竞争等都没有母亲这个天然成为第一个被信任的人影响得深远。

母爱是一种毫无保留的肯定

当母亲开始指责孩子，他将不再爱自己。

母亲对孩子的爱是在日常生活中那些最细微的地方流露出来的，母亲照顾孩子的生活，随时关注孩子的需求并及时地做出反应。母爱其实就是母亲对孩子所作出的一种肯定，不管是孩子的生活还是需求都有母爱的进驻。

母亲对孩子的成长、衣食住行负有责任，从孩子出生到长大成人离开母亲，母亲都在时时刻刻地关注着孩子的一切，正是因为母亲无微不至的照顾，孩子才能从婴儿健康成长为大人。这只是母亲在维护孩子的生命时所有的表现。母亲对孩子的关心和爱还超出了生命的范围，母亲在关照孩子身体成长时也对孩子的心理产生了不可磨灭的影响，由于母亲带给孩子正面的、积极的影响，孩子才会正面地、积极地活着。母亲使得孩子去热爱生活，让孩子感到活着是一件非常美好的事，孩子才会对生命和自然多了爱和尊重。

母爱面前，人人平等

孩子从不比较母亲，所以母亲也不应该比较孩子。

美国诗人惠特曼曾经说过:"全世界的母亲是多么相像啊,她们的心都是一样的。每一个母亲都有一颗极为纯真的赤子之心。"母亲对孩子的爱在孩子还没有成形仅以一个胚胎的形式存在于母亲腹中时就开始了,所以,母亲对孩子的爱是与生俱来的,没有任何限制,不受任何影响,只因为那个从她肚子里出生的小家伙是她的孩子。

我们平时会对那些听话的、优秀的、漂亮的、多才多艺的孩子有好感,但是母亲对自己的孩子就不会有这样的区分。不管她的孩子是美是丑,是胖是瘦,是高是矮,会唱歌还是会跳舞,她都一样地爱着她的孩子。所以我们会说,在母爱面前,人人都是平等的。每个人的母亲都是一样爱着自己的孩子,在母亲的怀抱里,每个人都会感到同样的温暖,这种平等意味着不论孩子是不是比其他的孩子优秀、听话,能不能满足母亲的愿望和要求,母亲对他的爱一点不会比别的母亲少。

母爱永不褪色

生命会消失，但母爱不会。

在这个世界上只有一种爱最无私，能向你倾尽所有；也只有一种爱最伟大，你的一生都是在这种爱的怀抱里；也只有一种爱最高尚，对你的付出从来不奢求回报；也只有一种爱最纯洁，自然、真诚地流向你，不会夹杂半点杂质。这种爱就是母爱。

我们爱别人通常都是有原因、有条件的，比如我们会因为一个人非常爱我们而去爱他；也会因为这个人与初恋的情人相像而对他产生爱意；也会因为他是个善良、温柔的人，我们去爱他，总之，爱一个人或不爱一个人，我们都能说出一些理由。因为这样的爱是有条件的，只有那些符合我们设定条件的人才能得到我们的青睐,所以爱情并不是永恒不变的,当一个人身上那些让我们去爱的条件都消失了或改变了,我们就不会再爱了。但是,母爱不一样,母爱是没有条件的,一个母亲爱她的孩子只是因为那是她的孩子,要说爱的理由也就是这样一个简单的理由。

我们常听到有妈妈在说:"你是我生的,我当然爱你。"是的,并不是因为你做了什么或没做什么母亲才爱你,也不是因为你爱你的母亲,她才回报你爱,母爱也是爱中唯一不要求回报的。

母爱创造了母亲

世界上,先有母爱,而后有母亲。

人类进化成为自然界最高级的生物,就是因为人类有着比其他动物更高级的创造才能,也就是创造力。我们现在生存的世界,大部分的物质文化和精神文化都是人类自己亲手创造出来的。

随着科学技术的发展，一切都变得有可能，人类继续为世界和宇宙创造着惊喜。

每个人的知识和眼界都有限，所以我们总能在这个世界上发现一些人类智慧所创造的惊奇，好像只有我们想不到的，没有人们做不到的。我们创造了飞机、火箭、航天飞船去探索天空和宇宙；又创造了潜水艇可以探索海洋；又创造了地铁等地下交通工具能够充分利用地上空间，但是，有一种东西我们永远无法通过创造活动来得到——那就是母亲的爱。

母亲的爱对人类来说是像天堂一般的存在，它一直安静地在那里，为我们默默地付出，不需要我们去努力就能得到母亲全然的关爱，也不需要我们为她们做什么来报答。这正是母爱伟大的一面。但也可以说这就是母爱消极的一面，因为它不能被人力控制，不能通过努力获取，所以常常不被人珍视。

为何母爱是消极体验

世界上唯一能够"不劳而获"的就是母爱。

弗洛姆在《爱的艺术》中曾说:"母爱的体验属于一种消极的体验。孩子什么都不必做就可以赢得母亲的爱,因为母爱是无条件的,只需要你是母亲的孩子。母爱是一种祝福,也是一种和平,你不需要去赢得它,也不用对此付出努力。"

毫无疑问,母爱是这个世界上最神圣的爱,因为它是最无私的,永远只为孩子付出而不求任何的回报;但同时母爱也是一种最复杂的爱,因为它有太多不同的爱的方式,给孩子带来的影响和结果也各有不同。如果从心理学的角度分析,母爱对于孩子来说属于一种消极的体验,因为孩子什么都不必做就可以赢得母亲的爱,孩子会觉得母亲不管如何都会爱他,就会对母亲不够珍惜,还不懂得感恩。

因为母爱是无条件的,只要你是你母亲的孩子,她就会为你付出她的全部,而没有一丝保留。我们也可以把母爱看作是一种祝福,你不需要去赢得它,也不需要为获得它而做什么努力。母爱这种无私、无条件的特性给孩子带来的消极影响就是,孩子在离开母亲走上社会之后,会经历一段适应不良的过程,他会发现社会上的其他人并不会像母亲一样对待他,这时,孩子的心里就会产生落差和不适应。他觉得别人对自己都应该如母亲对自己一样,如果别人对他不好,孩子的内心就会受到创伤。

失去母爱,生活将失去色彩

母爱是生活的"守护神"。

英国有句谚语是这样说的:没有无私的、自

我牺牲的母爱的帮助，孩子的心灵将是一片荒漠。众所周知，母亲爱孩子是不受控制也不受强迫的，无条件的，也是全然的，没有一丝保留的。母爱的伟大之处正是在此。这种爱是不需要我们用努力去换取或用任何手段去赢得的。我们不需要像获取爱情那样，先将自己变得有魅力，再用心去爱那个人来换取别人同样的爱。母亲会爱她的孩子，不管孩子是什么样子，有什么缺陷，都不会影响母亲对孩子的爱。

　　我们都习惯了母爱的包围，我们的生活因为有了母爱，就仿佛受到了祝福，是被上天保佑着、照看着，我们就会安然地生活在一片和乐融融中。但是，如果我们突然失去了母爱，我们的生活就会发生翻天覆地的变化，会像一棵无人看管的风中小草，单薄无依无靠，生活也变得空虚、苍白没有色彩。更悲惨的是，这种爱失去了以后，没有谁还能用什么东西去唤起它，这就是母爱所隐藏的最大缺陷。

斤斤计较的父爱

母爱代表自然，父爱代表思想

父亲为孩子指出通往世界之路。

父亲和母亲对于我们来说是两个完全不同的存在，不论性别和社会分工，还有他们爱孩子的方式，对孩子的影响，等等。如果说母亲给予儿女的是如涓涓细流般的柔情，是在生活中无微不至的、点点滴滴的关怀，那么父亲给予儿女的则是如江海大山般的力量，是精神上的鼓励和支持。正是因为这样两种不同的爱，我们才能拥有健全的人格和健康的心理。

母亲是我们最温暖的故乡，对孩子来说，母亲代表着自然的世界。母亲是大地、海洋、天空一样的存在，包容、广阔、无私奉献。而父亲就完全不同，在父亲的身上我们看不到任何关于自然的渊源，父亲不代表自然世界。但是我们在父亲身上能感受到另外一种力量。其实，父亲代表了人类存在的另一个世界，也就是思想的世界，这是一个由人类所创造的有法律、纪律、秩序的世界。如果说母亲给孩子的是温暖和道德，那么父亲给孩子的是这种规范的教育，并为孩子指出通往世界的道路。

父母的不同任务卡

母爱让人成长，父爱让人成熟。

人类社会在进步，爱情也会进步，爱情的进步就在于孕育新生命的求生意志。亲密无间的两性关系主要是各种生物潜在求生意志的表现。新生命的意志来自父亲，智慧来自母亲，体质是两者的结合。正是因为新生命的意志来源不同，父母对孩子的态度也有所不同。

一个孩子在婴儿时期，因为没有自理能力，

所以他从身体到心理都会需要母亲无微不至的爱和关怀，不然孩子就无法长大。到了孩子六七岁的时候，身体和心智都有成长，这时候孩子就需要父亲的权威震慑和道路指引。母亲对于孩子的作用就在于母亲能给孩子一种安全感，让孩子生活在爱中，而父亲对孩子的作用则在于指导孩子如何去面对困难，如何在社会中自立自强。虽然两者对孩子的作用和态度不同，但是都要遵循一个原则，那就是父母对孩子的态度要符合孩子的需要。

父母之爱各自发挥作用

父母之爱各司其职。

父母对子女的爱，是世界上最自然、最纯粹的爱，就像阳光每天都普照大地，就像天空经常洒下甘霖，就像大地为世人提供着生存的营养。父母的爱，也是世界上最无私的爱，他们不是用嘴，而是用心去表达，这种表达有时就是沉默。

但父爱和母爱是两种根本不同的爱，所以我们就应该让这两种不同的爱发挥出不同的作用，只有这样我们才能成长得健康完整。作为母亲，应该相信生活、热爱生活，而不应该将自己对生活、对世界这种惶恐不安的情绪传染给孩子。母亲应该希望孩子能够独立并最终脱离自己，走进人群。而作为父亲，他给孩子的爱虽然是有条件的，但也应该受到一定的原则支配并符合孩子一定的要求，父亲应该是宽容的、耐心的，而不应该总是咄咄逼人又专横的。

总之，一个母亲不会阻止自己的孩子成长，也不会鼓励孩子去依赖别人的帮助；父亲则会让孩子对他自身的力量产生一种强大的自信，最后让孩子能够成为自己的主人，不再受父亲的权威的掌控。这就是父爱与母爱应该发挥的作用。

过度宠爱是孩子失败的根源

很多孩子在做出努力之前,就已经放弃了努力。

生活中那些总是失败的孩子,似乎都有一个共同点,那就是不断为自己的失败找借口。他们花在这上面的时间多的让他们没有时间去为获得成功做出新的尝试与努力。这是一种逃避,一种懒惰,多数表现出这样性格特征的孩子,都是被娇宠着长大的孩子。在他们儿时,他们几乎很少需要为自己想要的东西付出努力,因为只要他要,父母就会立刻拿来,甚至还会多拿几个备用。这种衣来伸手饭来张口的童年生活,让他们缺少了为自己的需要付出努力的基本锻炼。对于想要的东西,除了伸手,他们不知道还能做什么。

在这种照顾下长大的孩子,进入社会后,面

对凡事都需要自己努力的生活显得手足无措,几次尝试失败后,他们变得不再愿意付出努力。无限夸大造成自己失败的原因,以显示这个困难对于自己的不可跨越性。我们当然知道这些孩子的父母本意并不想这样,他们只是希望能给孩子更多的照顾。可不管有意无意,造成的伤害是巨大的。所以,父母应该醒悟,不要让自己对孩子的爱成为孩子失败的助推器。

父爱是一种有条件的爱

父亲爱你是因为你足够像他。

高尔基曾经说过:"父爱是一部震撼心灵的巨著,读懂了它你就读懂了整个人生!"

这句话并不是虚妄,值得我们深思。在我们经历的各种爱中,父爱好像最默默无闻,但是我们也常常会为故事中、电影中那些默默无言的父爱而动容。父亲在我们的生活中好像总是在扮演一种坚强、宽厚的角色，但是，在坚强的背后，有一双对我们殷切期待的眼睛。我们都应该努力，不要让那双眼睛失望。

弗洛姆在《爱的艺术》中指出：父爱的原则是："我爱你，只是因为你实现了我的期望；因为你尽到了你的义务；因为你足够像我。"

确实，父爱与母爱不同，母亲因为孕育了我们，我们就好像她身体分离出来的一部分，所以母亲对子女的爱是无条件的。于是，相比下来，父爱就显得有点严厉，有点冷酷。

父爱是一种有条件的爱，当然父亲也是爱自己的孩子的，但是不如母亲那般毫无保留。因为孩子实现了父亲的期望，所以父亲会赞赏他，爱他。有时也是因为孩子与父亲相像，有时又是因为孩子尽到了他应尽的义务。正因为父爱是有条件的，所以孩子从幼年就会对父亲有敬畏感，为了获取父亲的爱而努力。

顺从和努力方可赢得父爱

不顺从父亲的孩子可能会承受失去父爱的危险。

父爱同母爱一样都有积极的一面,也都有消极的一面,这也是世间万物无可避免的两面性。父爱消极的一面就在于孩子要想获得父爱,必须通过一系列的努力,而且这些努力所产生的结果要符合父亲之前对他的期望。

从本质上来看,父爱就是要求孩子对父亲顺从。这也意味着孩子要顺从父亲的意志。如果孩子真的做到对父亲完全顺从,那对父亲来说,这就是最大的道德;而如果孩子对父亲不顺从,那就是最大的罪孽。所以,很多孩子在小时候都会处于一种对父亲感到恐惧,或是感觉不到父亲对自己的爱的状态中。有的时候,孩子对父亲的不顺从还会让自己受到父爱的惩罚。

孩子如果辜负了父亲的期望,或是没有顺从父亲的意志,那么父亲就会失望,就不会爱孩子,或者说父子关系冷淡。在一个家庭里,父亲毕竟是与母亲不同的存在。父爱的消极一面就在于此。

父爱受孩子的控制和支配

让孩子学会自由支配父爱。

父亲的爱与母亲的爱同样温暖,却时常被我们忽略。父爱虽然是有条件的,但是我们可以通过努力或者达成父亲对我们的期望来获得它。这种爱能够受我们自身的控制。

父亲表达爱的方式是含蓄而深沉的,父爱虽无言,却广博、深厚,他没有太多的体贴入微与嘘寒问暖,却用深沉的方式来体现"我爱你"的分量。父爱是深沉、宽厚的,虽默默无言,却无时无刻不让我们感觉到它的分量。

父亲,和母亲一样,是对我们影响最深远的人。父爱是一座山,如山般屹立;父爱是榜样,永远给我们困境时迸发坚毅的力量;父亲是信念,父爱就是那座耸立在孩子心中的大山;父亲是依靠,父爱就是给人温暖、归宿和安全的港湾;山是无言的,父爱也是无言而深沉的。正是这深沉,让父爱稳重厚实而威严,给予我们永远难忘的回味和影响,让我们懂得生命是要用真正的爱与行动来诠释的。

完美平衡父母之爱

教会孩子从父爱和母爱中感受优势互补。

母亲的良知对孩子说:"无论你有任何不端的行为,甚至犯罪,都不会让你失去我的爱,以及我对你的生活和幸福的希望。"父亲的良知则对孩子说:"如果你做错事了,就不能避免自食其果,如果你想让我爱你的话,你就必须改变你自己行事的方式。"由此可见,父母之爱如此不同,代表着两个完全相反的方向,我们只有从中汲取不同的营养,并让这两者达到一种平衡,才能帮助我们成长。

每个人都是一个独立的个体,有独特的人生经历和人生体会,所以每个人的思想都是不尽相同的。我们尊重每一个人的思想,即使和我们没有站在同一个立场。不管是父子还是母子之间,都会存在不一样的思想,一个成熟的人就是有能力将这些不同和差异完美地平衡起来,并且从中汲取他所需要的各种养分,将自己发展成一个健全、完整的人。

家校教育的合力

家庭是教育孩子的第一站

孩子是船，家教是帆，家庭是孩子成功的港湾。

夏特洛·梅森，这位英国著名的教育家，被誉为"家庭教育之母"，她的教育理念深入人心。她坚信"教育是一种氛围，教育是一种训练，教育是一种生活"，这一观念强调了教育的全面性和深远性。在她看来，对于整个社会而言，至关重要的任务莫过于抚养和教育儿童，而在家庭中，这一职责显得尤为重要。任何职业上的成就和尊严都无法取代家庭教育在孩子成长中的核心地位。因此，父母应当陪伴孩子一同成长，逐步引导他们走向独立与成功，而这一切的前提是营造一个健康和谐的家庭环境。

梅森女士特别指出，幼年时期是孩子生命中最重要的阶段，家长的主要任务在于帮助孩子塑造良好的性格。她提醒所有父母，为了培养孩子优良的习惯，家长不应采取专制态度，不应忽视孩子的需求，也不应进行枯燥无味的说教。相反，家长应当展现出民主、温和、公正、宽容和善良的态度，更多地给予孩子鼓励和表扬，而不是无休止的批评。

家庭不仅是孩子的第一个学习场所，也是他们终身的课堂；家长不仅是孩子的启蒙教师，也是他们终身的导师。要想成为一名优秀的家长，首先必须不断提升自身的素质，真正做到以身作则，以无声的榜样力量影响孩子；其次，家长需要深入了解孩子在各个成长阶段的生理和心理特点，尤其是他们的个性特征，学会尊重孩子，选择恰当的教育方法和手段，持续激发孩子追求卓越的内在动力。

孩子需要的是安心、和谐的家庭氛围

和谐的家庭氛围是孩子健康成长的关键。

家庭,作为社会的基本单元,承载着培养下一代的重要使命。为了将孩子培育成心地善良、感觉敏锐、能力出众的人才,家庭日常生活应当充满和谐、欢乐与爱心,这是至关重要的前提。夫妻之间的相互尊重与深情爱护,构成了优质家庭教育稳固的基石。

我们常说,家庭是社会的基本细胞,父母则是孩子的启蒙导师。若家庭不和,父母争执不休甚至走向分离,孩子很可能陷入心理的阴霾,这种影响可能会伴随他们的一生。

一项针对小学和幼儿园儿童的调查询问了他们"最喜欢怎样的家"。结果显示,孩子们对家庭的期望,首要的并非物质条件,而是家庭氛围和精神生活。他们心目中"最理想的家"是和睦、团结、充满爱的环境。孩子们渴望父母之间没有争吵,家庭气氛和谐,爱意满满。

父母的相互爱护,家庭的和睦氛围,能够为孩子的身心发展注入无尽的生机与活力,增强他们对生活的信念与勇气。相反,如果孩子成长在一个紧张和压抑的环境中,他们可能会变得焦虑、冷漠、内向,严重者甚至可能产生心理障碍。在安心、和谐的家庭氛围的熏陶下,孩子们方能健康、茁壮地成长。

学校教育是家庭教育的延伸

家庭教育一定要配合学校教育。

社会竞争的压力以及个人能力的限制,有的父母不能够担负起教育孩子的所有责任,不能够合适地帮助孩子解决生活中的各种问题,所以才有学校教育的产生。从某种程度上来讲，学校在教育孩子方面是家庭教育的延伸和补充。

过去的许多时候，一些特定文化中的孩子是完全在家中接受训练与教育，比如，工匠会传授孩子生存的技能。当今的文化对父母和孩子都有更复杂的要求。父母需要减轻负担来完成他们的事业，社会竞争的激烈性与复杂性，也不允许孩子只生活在家庭的小团体里。有些问题只有在学校的环境中才能得到更好的学习和发展，比如，合作的能力、社会感的增加，以及帮助个体对心中错误的概念进行修正。因此家庭和学校应该高度合作，现在很多教育工作者已经认识到了这一点，并做出了相应的举措，比如成立父母学校。这是一个良好的开端，是学校希望能够和父母更好合作伸出的橄榄枝。父母应该积极配合，认清自己在孩子教育中的重要位置，不能盲目地认为教育孩子是学校的事。

学校是生活艺术的发源地

学校不仅是一个传授书本知识的地方，还应该是传授生活知识和生活艺术的场所。

学校不应该仅仅为了传授书本知识而存在，这是大多数人都认同的，却很少有人愿意改变它。多年学习的经验告诉我们，如果仅仅是为了得到简单的书本灌输，自学的方式获得的其实会更多。学校对于知识传授的主要方面应该是生活艺术的传授，学生生活在学校这个环境中，处于一个心理和生理情况最接近的群体里，这是引导其领悟生活艺术的最佳场所。现在的学校教育往往将这一最重要的功能遗忘了。

学校教育曾经被认为是发展心理敏锐性最为重要的方法，现在已经被弃用。现在学校赋予教育的意义是尽可能地让学生学习更多的知识，不断为学生增加面对当今这个高速发展的社会中的竞争时所拥有的筹码。但是，没有一种教育模式能长盛不衰。随着我国改革开放，越来越多的国内人才出国深造，越来越多的国际人才涌入，我们的学校教育也应该做出适时的调整。可喜的是现在这种调整已经在进行之中，比如，减少教师灌输式的教学模式，教学内容上不再只是单一的理论学科知识，对于学生爱好的多样性教育在逐渐增加，等等。当然我们不能否认改革期间存在的问题，对于任何一个事物的发展我们都应该怀着一颗宽容的心去对待，毕竟罗马也不是一天就建成的。

家长则应该清楚地认识到，学校虽然承担着孩子教育的责任，但不是全部。家长不能对孩子的教育完全撒手不管，而应更好地和学校携手；不能在孩子面前指责学校的种种不是，那样会给孩子造成一种自己不成功是学校的责任的假象，从而更难从学校获取必需的知识。

学校不是模具加工厂

每一个孩子都是独立的个体。

很多父母都发现儿童其实比我们认为的要聪明得多,他已经是一个具有完整人格的个体,他的行为都是与他的人格相一致的,没有特例。所以学校在对儿童进行教育的时候,要充分了解儿童的人格发展不成熟,但是已经具备特有的、完整的人格特点,教育时绝对不可一概而论,否则必将出现令人惋惜的结果。

当然学校教育是群体式教育,教育者无法完全做到"一对一"个性化培养。一般情况下小学生班额不多于45人,学生与教师的比例基本能保证在20人左右。这就充分考虑到儿童人格发展阶段的特点和教师精力的限度。也就是说,在这个数据范围内，教师基本能够兼顾到每一个儿童的发展特点。因此教师不能以人数过多为借口，而仅仅对分数较高的学生加以关注，忽视其他儿童的发展。

儿童是一块有待雕琢的璞玉，但已经有了自己的脉络，教师在进行"打磨"时，不能流水化，而应沿着每个儿童所特有的人格脉络去培养，而不是把学校变成一个模具加工厂。

别让家校矛盾变得不可调和

配合老师，而不是指责老师。

我们生活在如此纷繁复杂的社会，对我们人格的发展就有更高的要求，因此怎样帮助孩子人格更好地发展，给予生活正确的指导是极为重要的。虽然我们都知道其中的重要性，但是不得不承认这样一个现实，那就是在当今这个环境氛围中，给孩子提供正确的教育是极为困难的。不仅寻找正确答案的过程困难，实施的过程也是困难的。因为我们这里所讲的教育虽然是指学科之外的，对人格的形成和发展的教育，但是也是在学校进行，由老师主导的。虽然现在父母都普遍重视对孩子的教育，但是由于社会和经济等条件的制约，孩子的主要教育责任还是由教师承担的，当然与家庭教育的合作也是必不可少的。

矛盾也出现在这儿，虽然学校和家庭为了学生这一个目标在共同的努力，可是因为教师对孩子的纠正性的教育工作主要就是针对父母的教育失误，所以教师在自己的教育工作中必然会与父母发生冲突。作为指责者，教师需要做出更多的努力来解决这个问题，要运用一定的策略。因为改变家长的态度，使他们能按照教师的方法来行事，我们将会获得更多的教育成就，这才是我们的根本目的。在谈话的过程中避免用权威的口气与他们谈话，相反尝试用"可能""也许"或"你也许可以这样尝试一下"等词语能取得更好的效果。

鼓励孩子而不是评判孩子

教育者最重要的任务就是鼓励。

对自己没有信心的人是没有办法面对生活中的种种挫折的。那些被剥夺了对未来的信心的孩子在面对生活时,只能选择退缩,然后在生活的其他无益的方面寻求暂时的补偿。这时教育者的作用就凸显出来了。

我们总是说教师是个神圣的职业,是灵魂的工程师,因为他们教育的是人类的未来。给予孩子自信,或者在孩子丧失信心与勇气时鼓励其重新获得自信则是对为师者最基本的要求。孩子对教师有一种天然的亲近感,对教师的言语的接受程度多数时候是高于对父母的。因此在孩子丧失信心,或者缺少继续努力的勇气时,教师应该及时站出来给予辅导。在平时的教育中,教师应该时刻以"鼓励学生充满自信,并对生活充满斗志"为目标,而不是仅仅关注学生的分数高低。尤其不能成为打击学生发展的人,因为教师对于学生信心的打击往往是致命的。

因为面对的群体的特殊性,教师在教学用语上需要格外的注意。面对成绩不够优秀的孩子,应该鼓励并帮助其开拓其他领域,而不要随意对孩子下断语,这有可能会成为孩子从此对人生灰心丧气的根源。老师要认清自己在孩子人生道路上的重要作用,很多时候教师在学生心中是一个仲裁者,一旦被老师判定为失败者,这一生都很难跳出这个角色。

如果遇到批评孩子的老师,家长要及时跟老师沟通想法,重塑孩子的校园生活。

宽容是教育者必需的品质

师长和家长的宽容是孩子腾飞的双翼。

宽容是使生活变得轻松而美好的一种必需的品质。怀抱怨恨生活的人是无法获得幸福的。所以宽恕别人，其实是对自己的救赎。现在这种品质用来处理在现阶段教育工作者和心理工作者之间紧张的关系是必须的而且迫切的。

不可否认，许多从事教育工作多年的教师，用自己所学的知识和日常积累的经验为祖国培育了大批人才。值得注意的是，当今社会的复杂性和传媒的多样性让孩子在学校之外获得了更多的刺激与各式各样的信息。这使得很多传统的优秀教育方法略感无力。因此，将心理学知识引入教学过程是教育发展的需要。心理学作为一门学科，有着悠久的历史。它不是即刻就能学会的，而是需要长期的研究和实践。不过，如果人们从一种错误的观点来看心理学，那么心理学对他们也不会有什么价值，甚至在一些人眼中是一种伪科学。

其实心理学和教育学是针对同一现实和同一问题的两个角度。无论是家长还是老师，都需要对孩子的心灵进行塑造，指导孩子走向更高更远的目标。

理解教师，帮助教师

理想的教师能铸造学生的心灵，并影响学生的人生和未来。

担负铸造学生心灵的责任，除了让教师的光辉荣耀无比外，肩上的担子也是沉重的。事实上，几乎每个老师都知道自己责任重大，但是找不到正确的履行责任的方法。有时甚至会感到委屈，因为付出的努力却换来学生的不配合与父母的不理解。

其实这涉及教育技能的问题，理想的教师会想尽办法利用学生的成功刺激他获取更多的知识。比如，当学生对某一学科产生兴趣，取得好成绩的时候，适时地鼓励他去尝试其他科目或者活动。当学生不知道如何更好地去获取新知识的时候，给予他帮助。家长也应该配合老师，尽量付出更多的耐心与技巧，引导学生跟老师合作。这也是家庭教育的职责。

惩罚只是手段，不是目的

惩罚是没有意义的。

惩罚，是我们面对一个犯错误的人时钻入脑中的第一个想法，因为每个人都需要对自己所做的事负责。可是生活的经验告诉我们，这个成人世界理所当然的规则，要施与孩子身上时，取得的效果却往往不是我们想要的。很多时候我们就不得不承认，对孩子的这样或那样的错误予以惩罚，几乎没有什么意义。如果因为上学迟到而惩罚他们，只是加强了他们不喜欢学校的感觉，从而认定自己不属于学校，甚至为了逃避惩罚而撒谎、逃学。有些孩子甚至故意刺激父母去惩罚他们，通过这种方式让父母明白，惩罚对于自己是完全没有用的。他们故意做不被允许的事，来证明自己的"勇敢"与自我。

所以，在孩子犯错之后，正确的处理方法至关重要。有的学校在这方面给我们做了个好的示范，那就是让其自治。制订适当的班级自治计划，有助于孩子在加强合作的同时，认清自己的错误。通过观察周围其他孩子的行为举止，而后审视自己的行为，让孩子们更能接受。因为他们会觉得这是自我的超越，不是被惩罚后的修正。

不同时代有不同的教育

我们生活在焦虑的时代

我们没办法超越焦虑的时代,但是我们可以自己不焦虑。

著名心理学家曾指出,当下是"焦虑的年代",随之而来的是人类疾病的增加。"壮志因愁减,哀容与病俱。"患焦虑症的人被称为"世界上最痛苦的人"。焦虑症让人长期陷入到不愉快之中,产生各种模糊的恐惧感,拥有莫名的紧张和担忧,惶惶不可终日。

当今的社会是一座欲望与疲倦并生的社会。岁月的沟坎和重荷,打磨着每个人的肉体与灵魂,生活的时光正无情地刻画每个人的人生。斗转星移,世事的沧桑变化给每个人留下了不断变化的纹脉。我们很少感受到幸福的氛围以及荡漾在身边的幸福感,相反,我们总会感觉到整个社会都弥漫着焦虑的气息。

我们也许改变不了环境,但我们可以改变心境,随时保持最佳的情绪,就像一条鱼,自由自在地遨游于时代的汪洋大海。普希金在《假如生活欺骗了你》留下了宝贵箴言:"假如生活欺骗了你,不要忧郁,不要愤慨。不顺心时暂且忍耐,相信吧,快乐的日子就会到来。我们的心儿憧憬着未来,现今却总是令人悲哀,一切都是暂时的,转瞬即逝,而那逝去的,将变得可爱。"

变化的时代,没有不变的模式

时代改变了,社会理想也变了,教育方法更要改变。

从历史经验上看,学校作为人类文明的摇篮,总是能够适时调整自己的脚步来适应社会的发展。回顾学校的发展史,我们知道学校曾先后专门为贵族、教师阶层、资产阶级服务,而后普及到为所有人民服务。基本上学校都是以主流阶层的要求来教育儿童的。所以，面对今天这个日新月异的世界，学校也必须做出相应的改变。

理想的人应该是独立、善于自我控制和勇敢的人。那么，学校也应以培养出这类人才为目标。

要培养出独立、善于自我控制和勇敢的人，并不是喊喊口号就能够解决的问题，学校必须勇敢迈出改革的第一步——抛弃从前的书本灌输模式。同时也要注意对"独立的人"的理解，独立的人并不意味着只重视个人的发展，突出个人的作用，而是要求个体脱离家庭的束缚，独立发展。这要求个人在生活发展的过程中不依赖外在条件，以一个完整的人格出现在社会中。而自我控制和勇敢的人则是要求个体在形成完整的人格之后，懂得有所为有所不为，以及怎样为。这时我们要清楚，无论在什么社会形态下，人们的所作所为都要秉持一个最基本的标准，那就是是否能够有利于他人，有利于社会。只有懂得这一根本要求，才能成为一个有勇气的不断追求卓越的个体。

区别教育有时候才是真正的平等

教育女孩不应该像教育男孩那样。

对于男孩和女孩采取同样教育是不科学的,这和性别歧视无关,而是女孩和男孩生理和心理上的根本不同要求我们必须这么做。短时间对于男孩和女孩采取同样教育的方法是可以的,但是,时间一长就会出现问题,因为随着时间的增长,他们独特的差异就会出现。

男人和女人不同的身体构造确实在某些职业上会产生不同的效果。对于每个人都要面对的家庭和婚姻问题,女性的角色教育自然会不同于男性的角色教育。因此某些对于自己性别不满意的女孩往往会拒绝婚姻,认为那有损于自己的尊严。她们即使结婚,也总是寻求处于支配地位。那些和女孩子接受同样教育的男孩子也同样面临的困难——因为曾经按女孩子教育，所以成人后仍很难适应我们当代的文化和这种文化对他们的期待。

可见对男孩和女孩的教育是需要按其各自的生理特征进行区别教育的。只是这种教育是在承认两性各自的优点的前提下进行的。偏向任何一方的差别教育，都只会使男人和女人在面对生活中的具有性别特征的问题时出现更大偏差，从而引发更多问题的出现。

尊重和自由是真正对孩子的爱

爱孩子，但别控制孩子。

在现实生活中，许多父母其实不懂得爱的真谛，不懂得怎样教育孩子。凡是父母和孩子之间关系不正常的，大多是由于父母的私心不良释放和扩散的结果。他们总想让儿女自始至终成为自己的孩子，而不是想让他们属于自己，并走向社会。

每个孩子都有自己的选择方式，都有自己的

想法，每个孩子的世界都是一个相对独立的世界。对生活的环境，孩子们已经逐渐形成自身的一套处事方式，家长不要过于强求孩子不愿做的事情。如果父母使用命令的方式，强制性地要求孩子什么可以做，什么不可以做，会让孩子陷入无奈的境地，导致他们更多的反抗。相反，如果父母在自己的要求中带有尊重，维护孩子的自主性，给孩子一定的自由，孩子对父母的反抗就会少一些。

父母最应该做的，就是打开笼门，把自由还给笼子里的小鸟。也许当你打开笼门，鸟儿反倒愿意回来了。因为敞开的鸟笼已不再是牢房，而成了一个温暖的窝。

孩子的成长需要足够的自由空间，而父母的保护就像鱼缸一样，孩子在父母的鱼缸中永远难以长成大鱼。要想孩子健康强壮地成长，一定要给孩子自由活动的空间，而不让他们拘泥于一个小小的"鱼缸"。

父母应该除掉多余的担心，尽可能让孩子接触到各类东西，让孩子自己去体验各种各样的经历。有了充分的自由和尊重，父母给孩子的爱如同经过温柔的洗礼一般，它清除了一切控制的倾向，因而能给人一种更美妙、更亲切的欢乐。

没有天生注定的失败者或成功者

抵达生命终点前，没有什么是注定的。

面对教育过程中的挫折，教育者和家长都不能轻言放弃，因为放弃的是孩子一生的幸福。我们不能因为自己的努力没有得到即刻的回报而滋生绝望情绪；不能因为孩子没有积极响应你的帮助与教育就滋生失败之感；最根本的是不能受到孩子有天赋和没有天赋之类的毫不科学的说法的影响。

没有任何科学研究证明人类生存的各项能力是完全来自遗传，如果陷入这种悖论，当然具有血缘关系的人在某些方面是会有一定的相似度的，但是环境的影响对于能力的高低起决定的作用。

就算天生比其他的孩子要优秀些,可是与后天的培养对个体发展的影响相比较,天生的能力所起的作用就显得微不足道了。所以,我们不能以"注定"为借口来判定孩子的成败,没有人是天生注定的失败者,只要我们怀着一颗永不放弃的心,就一定能到达成功的彼岸。

不会犯错的孩子不会有进步

允许孩子犯错,教育孩子改错。

有时候,父母的强迫、命令态度会给孩子带来反感,正确的方法是让孩子自己去感受错误。例如,一个孩子不爱惜家里的东西,今天又把椅子弄坏了。爸爸毫不留情地让他连续几天站着吃饭,让他体验自己的行为所带来的劳累之苦。

一个孩子打破了他所用的东西,莫要急于添补,让他自己感受到需要它。例如,当他打破了自己房间的玻璃窗,便让风日夜吹向他,让他体验打破玻璃的后果。

许多父母在教育孩子的时候，经常会不由自主地运用自己的"权力"，强迫孩子做事。这种单纯的命令，是在利用父母的权力，而这种权力无非是身份、年龄或体力的差别，孩子当然无法在这些方面去与大人抗争。强迫孩子做事会导致他们用其他的方法来抗争。在一个充满权力之争的环境里，很难想象会有好的教育效果。

聪明的父母应该让孩子从经验中获得教训。当孩子在行为上发生过失或者犯了错误时，父母不给予过多的批评，而是让孩子自己承受行为过失或者错误直接造成的后果，使孩子在承受后果的同时感受到不愉快甚至是痛苦的心理惩罚，从而引起孩子的自我悔恨，自觉弥补过失，纠正错误。

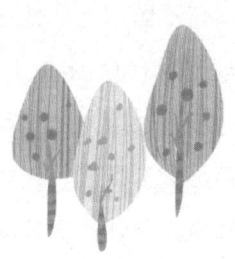

成功才是成功之母

成功可以复制。

生活中的经验告诉我们,多数孩子都会出现偏科的问题。数学好,也许外语就会弱些。语言天赋高,动手能力又会弱一些。究其原因,一方面,这和孩子潜在的雄心和渴望优越的心理有关。因为在某方面优秀而更加努力,而对其他方面,倘若在最初涉足的时候没有达到预期的成功,就会产生自卑感,然后无意识地放弃。这就引出了另一方面的原因,即教师的失责。教师的一个主要职责就是引导学生获取更多的知识,而如何能利用学生已取得的成功刺激其获得更多的知识则是一门精深但又必须掌握的艺术。很多教师忽视了自己的这一职责,只会有一说一地灌输本领域知识,结果导致优劣两极分化。教师困惑于同样的教导产生不同的结果,学生困惑于同样的努力达不到相同效果，最后都共同归因于人力不可控的天赋。

学习其实是一种连锁反应，用已有的成功去激励自己获得新的成功，是简单高效的方法。有时候，成功才是成功之母。因为已有的成功并不是凭空获得的，成功的过程中学生已经在教师的帮助下形成了适合自己的学习方法。这也是在高中阶段各科成绩都齐头并进的学生，在大学乃至未来的学习生涯中都能取得更好成绩的原因。

多元化时代不需要统一化评判

每一个孩子都是理想中的自己。

我们细心观察就不难发现，所有关于教育改革的建议都是希望增加孩子在社会生活中合作程度方面的训练。教育的目的是使他们能够更从容地走进社会，而不仅仅是为了让他们拿一个令学校满意的分数而已。无论老师还是家长，都不能颠倒教育的目的，人为地塑造出学校理想中的模范学生。学校更不应该用理想学生、模范学生诸如此类的规范来区别儿童。那些在课业方面不够出色的孩子，其实在追求优越感方面并不必然弱于那些学校眼中的模范生。他们只是把注意力放在了自己擅长的方向，尽管这个方向或许不是主流的，但是这并不影响他们获取成功。

事实证明，社会不再只需要会读书的孩子，而是真的实现了"百花齐放，百家争鸣"的景象。沉迷剪纸的孩子，不再被斥责为不务正业，而成了世界知名的艺术家。享受速度带来的乐趣的孩子，不再被批评身健无脑，而是成了学校乃至国家的荣耀。所以千万不要轻视孩子的任何成功。

像对待玫瑰花一样对待孩子

如果玫瑰花还没开放，那你继续等待就行了。

父母抚育孩子如同对待花园里的小花，经常

侍弄、修剪，绝不神经质地摧残，他们给他上足够的肥料，但不偏食；浇灌充沛的水，却不淹没；还会让日光和雨露自然地沐浴小花；也会保护他们免受风霜摧残。此外，父母还会请正直善良的人们来观赏，请他们享受美，也培育美。

教育的气氛理应是平等的，父母不干涉孩子的独立，也不期盼毁灭性的开花结果，他们不会训斥和打骂孩子。总之，要把孩子当作是一个完整的人，仔细观察孩子，去研究孩子的性格、脾气和特性，适时地引导他。

有时孩子不听话时，并不是挑战父母的权力地位，他们只是希望自己能有更多的自主权。所以，当孩子犯了错误时，父母应该让孩子自己承担错误直接造成的后果，从而让孩子能够正确认识自己的错误，进而自觉改正错误。

孩子天性向上，父母只需正确扶持和修剪即可。正如罗素所说，孩子获得一种美德和经验，不应该通过遭受痛苦，而应该通过快乐和健康的方式。

6 青春是无价的瑰宝

用尽青春,奋力成长

所有的孩子都用青春在成长。

有人说,从儿童过渡到青年的青春期,是人生的第二次诞生,心理学家称这一时期为"第二次危机"。青春期首先是生理上的变化,心理上的变化则是随之而来。这一过程对于多数处于青春期的孩子来说都是美妙而迷惑的。也许连他们自己都不知道从什么时候开始多愁善感,喜怒无常。迷惑了自己的同时,多数时候是令父母手足无措。其实这只是一种渴望成长被认可的证明。

青春期的孩子出现的最显著的变化是自我意识的增强,开始对自己产生强烈的兴趣。因为觉得对自己的认识加深了,独立性的渴望也就更深。尽管知道自己不能完全独立,却更加向往,希望至少在思想上得到独立,希望得到他人,尤其是成年人的承认与尊重。这一时期的孩子不愿再像"小孩子"似的服从父母和老师,想要获得和"大人"一样的权利。尝试用各种能想到的方式去证明自己不再是一个孩子,抑或简单模仿成人的举止,装作成熟。

父母应该充分认识到孩子在这一时期的心理转变。尽管他们的许多举动在父母看来是荒唐而无聊的,但这是他们表现自己成熟的方式,父母不能盲目灌输自己的经验,而应给这些憧憬成熟却又感情细腻敏感,拒绝灌输却又需要真诚帮助的孩子们一些正确的引导,让他们自己平静而理智地度过这个时期。正如《阿德勒的智慧》所说:"所有的孩子都用青春在成长。几乎每个孩子都认为,青春期最重要的一件事情,就是证明他自己不再是一个孩子了。"

每个人的青春都期待欣赏

渴望被欣赏是人的天性。

没有人能忍受长久地被人忽视,对于青春期的孩子更是如此。对于那些曾经处于受轻视和冷落环境中的孩子,在进入青春期的时候,如果能够与同龄的人建立较好的伙伴关系,他们也希望能够得到他人的欣赏。比如,学业上的无能为力,开始转为在体育运动上的专注投入,希望用赛场上的掌声来弥补自己在学业上所遭受的打击。这时渴求被欣赏的感情就得到了合适的抒发。

对于这些孩子应当给予关注,因为一旦感受到被欣赏,他们会产生过度的追求。并不是所有学业不理想的孩子都能成为体育健将,一旦这种迫切追求获得欣赏的心理不能在大众所认知的领域得到满足,他们很可能转入错误的追求方向。

创造性的生活充满活力

青春的路新鲜热辣,满怀炙热。

青春期是一个矛盾的时期,有一些曾经成绩优秀的孩子在此期间因为对人生错误的理解而走向歧途。同时也有一些表现平凡的孩子,因为生理和心理上新的变化,对自己产生了新的认识,开始以令人震惊的速度进步。

这些因为生活中新的刺激而产生奋斗动力的孩子,都是勇敢的孩子。他们学会了把自己放入未来去思考,认清自己和其他人一样都有平等的追求幸福的权利与能力。

因此,这时他们的人生目标终于确定,他们清楚了自己将要为之努力一生的目标,这让他们充满了激情与斗志。

这是青春期赠予他们的礼物,也是青年人能

在青春期获得的最好的礼物。这时青春期不是他们的负担,反而成了他们的机会,是一个让他们认识成人世界,并为之做准备的机会。他们开始思考自己即将面对的社会中可能出现的问题,并开始书写自己富于创造性的答卷。

正确地表达青春

快去,先承认他已经长大。

青春期的孩子因为自我意识的加强,渴望被尊重、被认可,他们通常具有极强的表现欲。但是,有一些孩子并不知道怎样去表现才是正确的。

多数孩子首先会选择证明自己的成长,而他们对于成长的理解就是独立,不被约束。于是为了"成长",他们开始反抗各种约束。这也就是为什么人们会觉得青春期的孩子会表现出强烈的反叛,尤其是对父母的反抗。那是因为他们认为,阻碍他们成长的最大约束就是父母。甚至孩子彼此之间会炫耀对父母的反抗程度,来证明自己的独立。

很多父母都知道,这种错误的认知对于孩子的未来会造成巨大的危害,但是总是苦于无法应对。与孩子角力只会迎来更大的反弹。因此当发现孩子是出于表现欲之后,我们似乎可以从根源上寻找解决的办法。比如,选择做承认孩子成长的第一人,让他们感受到来自父母的认可,就能极大减少他们的敌对心理,那么接下来的沟通就要容易得多了。

不要奢求超越所有人

没有人能战胜所有人。

人们都会对自己的现状表示不满,因为他们渴望得到更高的评价与尊重。所以人们不断努力渴望超越自我,上升到一个更高的层次。这是自我完美的过程,虽然会不断经历曲折与倒退,但是因为超越的对手是自己,所以每一次失败都会让下一次的超越更接近成功。

然而,生活中有许多人选错了超越对象,他们将对手设定成所有人。这已经不是健康的自我进步的过程了,它成了一种恶性的竞争需求。这是一种过度追求优越感的表现,这样的人长时间处于自己所在群体的领先位置,他们习惯以一种俯视的角度去看周围的人,习惯追求超越所有人。没有人能够成为永远的第一名,一旦他们的目标变得难以企及时,他们会迅速地退缩逃避,期待自己能回到原来的圈子成为第一名。因为每个人都在努力超越自己,在他不断将别人纳入自己要超越的名单时,其他人正在不断努力超越自己,自然也就超越了他,因为他将努力前进的时间,都用在了比较他人的成功之上。所以说将超越所有人定为人生目标的人是最容易失败的,因为他奢望以一己之力战胜全世界。

读懂有棱有角的青春

青春期的个性特征格外明显。

青春期对于孩子来说是问题重重的，但是这些问题并不能改变一个人的性格，相反它会使他们的个性特征更加凸显。青春期中的孩子面临着与以往生活差距很大的新环境和新考验。因为这个环境与成人的生活环境非常接近，所以他们会觉得自己正接近生活的前沿。

正因如此，在他的生活方式中，以前未曾观察到的错误开始显露出来了。随着青春期的到来，这些错误已很有威胁性了，不容再受忽视。比如，过去缺乏社会兴趣的孩子，这时其社会兴趣则会以夸张的形式表现出来。这些处于青春期的孩子的社会兴趣丧失了一种分寸感，一心只想为了他人牺牲自己的利益。他们的社会兴趣过于强烈,会阻碍他们自己的成长。这时父母应及时关注他们,尽早发现他们的问题,并加以应对。比如告诉他们,一个人要真想对他人感兴趣,并为公共事业奋斗,他首先必须把自己的事情做好,他必须有东西可贡献给社会,而这个东西也必须对社会有价值。

幸福绝不会垂青懒散的人

幸福只会垂青于从不放弃对生活满怀梦想的人。

曾经有人问罗素:"你的言谈中似乎流露出这样的想法,认为凡事可以悠着点。"

罗素回答说:"是的。不过根据我的经历来讲,这并不能让我感到快乐。一个人历经种种艰难而最终获得事业的成功,这往往才会有令人发自内心地狂喜。我一直认为,懒散的人和幸福是没有什么关系的。"

人是好逸恶劳的动物，我们总是希望在工作中减少体力付出，在生活中尽量舒服、安逸，获得更大的满足和安逸。但如果懒散已经发展成为一种习惯，它就会像细菌一样，在你的生活中蔓延，使你的人生到处弥漫着懒散的气息。懒散是一种精神腐蚀剂，它会慢慢地侵蚀着我们。一旦背上了懒散的包袱，生活将为你掘下坟墓。

一旦有了梦想和愿望，就必须付诸行动。如果有梦想而没有努力，有愿望而不能拿出力量来实现愿望，梦想永远都只是一个梦想而已，这样的人没有资格摘下成功的甜美果实。

成功在我们看来似乎遥不可及，我们已经被远大的目标所累，倦怠和不自信使我们一味地感叹或埋怨未来的渺茫，从而放弃努力，在哀叹中虚度光阴。其实，我们不必畏惧遥不可及的未来，只要一步一个脚印地把眼前的事情做好，成功的喜悦就会在不知不觉中浸润我们的生命。

7 青春期是场"大考"

不要过度渲染青春期的两性关系

别紧张,成长慢慢来。

生理上的变化,让青春期的孩子开始对两性的区别产生了好奇,关注与性有关的所有事物。因为对于性的初级认识,他们觉得处理性的问题就是长大的表现。产生这种心理是正常的,关键是他们表现的方式。

有些青少年完全清楚自己应该如何表现,对待爱情问题,他们或是浪漫,或是勇敢。不管是浪漫还是勇敢,他们都显示了正确对待异性的行为规范。有些青少年则处于另一种极端。他们对待性的问题非常羞怯。越是接近真实的成人生活,他们越是表现出对这个问题缺乏准备。比如,有些女孩会陷入那些阿谀奉承的男人的圈套,她们希望以此表现自己的成长与女性魅力,造成的后果当然是令人痛心的。

尽管有关青春期性教育的书籍汗牛充栋,但是依然有许多父母拒绝与孩子交流有关性的问题。这是一种错误的认知,其实面对现今网络信息的高度发展,孩子对于有关性的知识接触的要更早,所以父母不用为此而感到尴尬。家长应该适时改变自己的旧有观念,选择直接的方式与孩子交流,这样才能给予孩子正确和健康的两性认知。

教育孩子男女平等

男女平等,不是说说而已。

《超越自卑》中说:"在我们的文化中,有这样一种根深蒂固的想法,那就是,认为男性总要优于女性,结果她们便不喜欢身为女性,而表现出一种对男性的羡慕。"这是一种可怕的价值观念,尤其是在青春期的时候,无论是对女孩还是男孩。

对于女孩，因为长期不平等的待遇，她们对自己的女性角色表现出了厌恶，潜意识里开始模仿男孩子的一些行为举止。通常是一种不良习惯的模仿，比如抽烟、喝酒、组织小团体等，因为她们认为这些不良习惯不但容易模仿，而且更容易和男孩子融合，获得男孩子的关注。

这在青春期中突然显现出来，是因为对两性的认知变得清晰。对于男孩子也是，他们会因为被过度强调身为男性的重要性而压力增大，他们会有一种对于理想男性的设定，当达不到设定的目标时，会对自己产生怀疑，丧失信心。有的男孩因此而产生了忽视女性的观念，从而在心中将女性降为附属阶层，把两性关系看成一种低贱的关系，在未来的男女交往中以错误的方式对待两性关系。

我们应该尽量避免贬低女性和主张男性优越的论调，应该认识到教育孩子男女平等的观念，并让他们对此产生根本的认知的重要性。对于男女生而平等的认知，不仅可以阻止女孩因此而产生自卑情结,也可以阻止男孩对自己产生不够强大的不当思想,而导致信心丧失。

重视青春期但不过度强调

把青春期当作一段特别奇异的时期,似乎是一种世界性的迷信。

人们应该认识到,个体发展的各个阶段,其实都应该被赋予一种对于个体具有特殊的私人的意义,每个阶段的发展过程都应该被认为能够完全改变个人。人们不应该对某几个阶段过分强调,比如青春期、更年期。

人们应该加深这样的观点,这两个不断被人们过度关注的生理阶段,并不会一定对个体造成必然的改变。很多时候过度的关注反而使得人们对于这些阶段有所期待,对其赋予特殊的意义。比如,孩子对青春期的到来常常会表现出惶恐不安,仿佛洪水猛兽即将出现一般。其实,如果我们能够正确地了解这些时期，我们将会知道，在青春期，除了社会情况会要求孩子们在生活风格方面做出一些新的适应之外，其他的现象对他们并不会有所影响。很多生理的表现不应该被过度的强调，这样对于个体的在这一阶段的平稳过渡没有任何帮助。

相反，因为过度强调这一阶段人们有可能发生的表现，会给处于期间的人一种心理上的导向，似乎不发生此种变化就不正确了；其实它们仍是生活的连续，它们表现出的一些现象本身也没有什么特别的重要性，只需给予必要的重视即可。

青春需要鼓励

不要轻易打击孩子对未来的信心。

信心是获取成功的基本品质，对于未成年人来说更是如此。

生活中总有些不够成熟的父母，会选择用一

些言辞激励的语言去刺激孩子的进步，这种行为的结果通常是事与愿违的。他们对于孩子能力不足的批评通常成为孩子自我认定的最高指标。那么，他们必然对未来失去了信心，对即将面对的未知生活充满恐惧。我们知道，如果孩子们对未来心怀畏惧，他们就会丧失了追求幸福的信心。然后他们开始自怨自艾，对于生活中的失败变得习以为常，似乎自己失败是天经地义的，自己没有能力获得成功。面对生活，他们自然会以最不费力的方法来应付它，可这种简单的方法却是没有用的。

因此，父母们对于孩子的教育仍是需要以和善、温和、鼓励的方式进行。孩子们越受到命令、告诫、批评，他们越觉得彷徨无措。我们越推他向前，他会越往后退缩。我们应选择用一双发现的眼睛，去发现他们的成功，哪怕只是小小的成功，只有这样才能给予孩子获取更大成功的信心，而不会让孩子因为已取得的成功没有获得重视，而否定自己的能力，永远丧失了追求成功的信心。

青春期"常见病"

有一种信心的丧失是暂时的。

生活对于优秀的孩子其实是过于严苛的,他们总是被期望取得超越同辈的成功。在现实生活中,没有人能够在每个群体中永远获得第一名。

许多优秀的孩子,在即将面对新的环境和新的群体时,会出现暂时的丧失信心。比如即将毕业的孩子,在通过考试之后,马上要面对就业问题时,就会出现暂时的信心丧失。倘若因为对未来的期望过高,产生过度的紧张,导致在考试中取得不好的分数,结果将更加糟糕。因此他们可能在一段时间内放弃努力和奋斗,对自己的能力产生怀疑,他们以前未曾意识到但酝酿已久的雄心和现实努力之间的冲突突然爆发了。

这时,他们会完全不知所措,或焦虑不安。

此后，如果他们没有及时认识到并消除这种气馁，他们就会变得喜新厌旧、有始无终，并经常变换职业，因为他们总是认为自己没有能力善始善终，总是担心失败挫折。这也是我们发现那些曾经优秀的孩子突然间变得没有自信的原因。

朋友的陪伴是青春期的偏方

培养友谊是阻止青春期许多问题的最好方法之一。

青春期孩子自我认知得到发展，因为渴望独立，所以会对父母和老师产生抵触情绪。而这时候同龄人之间的友情则占有重要的地位。他们处于同龄，对于事物的认知有着天然的相似性，他们觉得彼此能被更好地互相理解。朋友之间共同的兴趣爱好，或者共同的理想则使得他们走得更近，互相勉励，注重心灵上的沟通。

因为对同伴这种特殊的信任感与被认同感，

使青春期对同伴的影响力大增。孔子曰:"与善人居,如入芝兰之室,久而不闻其香,即与之化矣,与不善人居,如入鲍鱼之肆,久而不闻其臭,亦与之化矣。丹之所藏者赤,漆之所藏者黑,是以君子必慎其所处者焉。"那么,青春期的孩子如果能够获得一份健康的友情,确实可以阻止很多问题的发生。

  同时我们也不能忽视家庭成员之间的友谊对孩子的巨大影响。虽然同龄人之间能够缔结友谊是对孩子有益的,不过孩子也应该和家庭成员及周围环境中的其他年龄层的人成为朋友。家庭成员之间的友谊让他们加深彼此的信任,提升他们的被认知感,尤其是提升孩子对于父母和教师的信任度。家长和教师不应时刻以长辈和教育者的姿态出现,对于孩子最好的教育形式就是和他们成为朋友。只有这样孩子才愿意与之交流,否则不能得到孩子的信任,自然会把他们拒之心门之外,如此自然无法谈及帮助孩子了。

青春期是场"大考"

青春期的孩子面临着新的环境和新的考验。

青春期孩子面对的问题其实和成人一样,都是职业、社会和两性问题。之所以有些孩子会在其间出现问题,基本上都是由于对生活当中这三个基本问题缺乏适当的训练和准备所造成的。如果对成年生活准备不足,在职业、社交、爱情和婚姻等各种问题一齐逼近时,就会觉得恐慌之极。

从这一方面上讲,面对青春期孩子的父母和老师应该尽可能地帮助孩子们通过这种考验。青春期的各种危险都是由于未能学会去处理生活中的三大任务。如果孩子害怕未来,对未来充满悲观,他们很自然就会选择以最不费力气的办法去对待。不过我们应当提醒他们的是,这些轻松的方法是毫无效果的。但是不能以批评或指责的方式，因为这些孩子愈是受到命令、勉励和批评，他们愈会感觉自己是处在深渊之边。我们愈是把他往前推，他愈是尽力往后退。除非能鼓励他，否则一切帮他的努力都是错的，会伤害他更深。如果他非常悲观非常恐惧，我们无法期望他能付出更多的努力。因此父母在这个时候应该放下身段，尽可能地回想自己曾经的困惑与遭遇，以这种姿态和内容进行的交流，才有可能获得孩子的接受。

引导孩子告别逆反心理

如何引导孩子告别逆反心理，是对父母的一场考试。

一般说来，孩子对于越是得不到的东西，越想得到；越是不能接触的东西，越想接触，这就是所谓的"禁果逆反"。有些父母禁止孩子做某事，却又不说明理由，结果适得其反，使"不要吸烟""不要早恋"之类禁令达不到应有的预期效果。"被禁的果子是甜的"，好奇心驱使孩子有时甘冒受惩罚的风险去尝也许并不甜的"禁果"。这里，孩子表现出来的就是逆反心理，或者叫叛逆心理。

逆反心理是指人们彼此之间为了维护自尊，对对方的要求采取相反的态度和言行的一种心理状态。这种心理在孩子成长过程的不同阶段都有可能发生，且有多种表现，特别是在青春期表现得更明显。

由于青春期的孩子正处在身心发育成长的不稳定时期，大脑前额叶（负责理性决策）的发育晚于边缘系统（掌管情绪），使得孩子容易冲动，同时，性激素水平变化也会加剧情绪波动。另一方面，在接触社会文化和教育过程中，孩子的自我意识不断增强，他们会通过质疑社会规则，来确定自我意识，并试图建立独立身份认同。例如，反对父母的观点以测试自我主张的边界。

逆反心理的后果是严重的,它会导致孩子出现对人对事多疑、偏执、冷漠、不合群的病态性格,使其信念动摇、意志衰退、学习被动、生活萎靡等。

要克服逆反心理,父母要以身作则,树立正面的榜样,并和孩子建立平等的关系,多倾听孩子的需求,了解孩子的心理,重视孩子的感受,尊重孩子的意见,让孩子参与到家庭事务的决策过程中来。

8 教育的艺术在于"留白"

为人父母是一门艺术

母亲常常把孩子看成自己的作品。

人们习惯说孩子是人类的下一代,是人类生命的延续。对于母亲来说,孩子是她用心血浇筑而成的艺术品。不论一位母亲曾经是多么独立而自我的女性,一旦成为母亲就会变得没有自我,孩子成为她生活的全部中心。这是母爱的伟大,如果说人生在世会有谁对自己无条件奉献的话,那个人一定是母亲。

我们在歌颂母爱的同时,也应该注意到这种深沉的爱对孩子产生的影响。有些母亲会有一种孩子是自己私有物品的错觉,在生活上表现为对孩子的所有活动都进行自认为完美的规划,并强迫孩子严格执行,完全忽视孩子的自身特性。她们认为自己给孩子做的计划都是为了孩子能够有一个美好的明天，实际上却是将自己未完成的愿望强加在孩子身上，实现自己未完的目标。

尽管母亲是孩子生育者，但是从孩子离开母体的那一刻就已经成为一个独立的个体。他终将有自己独立的思想，没有人有权利去制定他的人生，即使是生他养他的母亲。认识到这点对改善大多数父母与孩子之间的关系是重要的。因为很多父母面对孩子对自己绝对权威的反抗都是反应激动，他们会觉得被背叛，仿佛自己东西被他人拿走。在孩子成长过程当中，需要进行心理建设的不仅仅是儿童，父母也应该学着如何适应父母这个角色。

不要溺爱孩子

适当拒绝孩子不合理的要求是每个父母的必修课。

在超市、游乐园,甚至交通工具上,我们都会见到类似的场景:孩子要父母购买自己想要的东西,被拒绝后,就大闹起来。面对这种情况时,多数父母会选择卖给他,或者出于自愿,或者出于安抚的意图。

不幸的是,这类父母会发现以后孩子经常会选择在公共场合时大闹,以达到某种目的。也许这时出于安抚的愿意而去做的父母会抗议说,我并不是妥协,只是不想影响其他人,因为他会一直闹下去。这类父母其实意识到不应该对孩子无条件地满足,但是他们没有想出更好的方法去解决这种尴尬却会对孩子的心灵建设影响巨大的局面。

那些清楚认识到这一点的父母,则是那些少数人。他们选择对孩子直接拒绝,明确告知这不在此次购买的范围内,面对孩子的哭闹会置之不理地"走开"——当然是让孩子认为走开了,其实会藏在其他地方关注着孩子的举动,毕竟公共场所上孩子的安全才是第一位的。这些孩子是幸福的,这样的结果让他们懂得自己的愿望并不是法律,不合理的要求是会被拒绝的。在他们以后的人生中,这是意义重大的。当他们对别人提出要求但没有得到回应的时候,就会思考自己要求的合理性,而且不会因此而觉得别人待他不公,也不会产生被世界亏待了的错误认知,从此拒绝和他人合作。

不要贬损羞辱孩子

有时候,贬损或羞辱可能会改变孩子的行为,但不会真正改变孩子。

有些父母在教育孩子的时候无意间会用一些过度的语言批评孩子,也许当时会产生某些表面的效果,其实多数时候无助于情形的根本改变,它只会加重孩子的怯懦。它会在孩子心里留下不可磨灭的阴影,挫伤孩子的自信心,破坏父母与孩子之间的关系。我们根本不用参照他人的例子,只需回想一下自己的童年，就会想起那些我们以为已经忘记，其实一直在心中的、令人刺痛的语言。

更严重的是，如果面对的是青春期的孩子，后果可能会更加可怕的。青春期的孩子自我认识加强，极度渴望被认可和被尊重。任何带有羞辱或者贬损的语言都有可能将他们推向人格扭曲的边缘。父母无心的语言，可能成为孩子质疑自己的根本原因。在教育孩子的过程中，我们应该慎重地选择自己的表达方式，不能随心所欲。恶毒的断语则更是不允许的，对于面对陌生的世界本来就很无措的孩子，我们应该更多使用鼓励的言语，正如诗人维吉尔所说："我能，是因为我信。"通过这种方法使他们对自己的精神和身体的力量感到自信，并使他们相信，他们完全可以通过勤奋、毅力、练习和勇气去获得他们向往但至今尚未实现的一切。

别把"虐待"说成"爱"

有些"虐待"常被美化成"为你好"。

弗洛姆在《逃避自由》中说——在这里"虐待"并不是指什么毁灭的行为,而是指一种对目标存有善意的态度,这是一种很常见的、出于"爱心"的"虐待"。

看到"虐待"这个词,很多时候会让人心生不安,在看过众多电视报道、电影作品之后,人们都知道虐待是一种变态的、会给受胁迫人的生理和心理造成严重伤害的暴力行为。我们这里所要说的"虐待"并不是那种残暴的、会对受害人造成直接的生理伤害的虐待,而是一种存有善意,以"为你好"为出发点的态度。

在人类社会中,尤其是在父系社会中,很容

易见到一种出于爱心的虐待行为。在家庭里，父亲会要求子女无条件地服从自己；丈夫作为一家之主要求妻子的顺从，他们的出发点都是善意的，但是这样的做法一样会给子女和妻子带去伤害。他们通常会说："我这样做，这样要求你，是为了你好。""只要你完全服从我，听我的话，我就会给你想要的一切，也会使你快乐幸福。"他们口口声声说是出于"爱"才这样对待别人，但是这种"虐待"的爱和真正的"爱"正好相反，因为"爱"的基础在平等与自由。不平等待人，不给人自由，并不是爱人的表现。

恐惧失败就没办法成功

妨碍兴趣产生的不是遗传，而是对沮丧或对失败的恐惧。

很多父母喜欢用"龙生龙，凤生凤"的这种遗传观念来确定孩子的兴趣导向。然而，事实上真正阻止孩子的天赋形成的也是父母,并不是来自遗传,而是父母对孩子会产生某些兴趣的怀疑。面对孩子对某些方面产生的兴趣,许多父母的第一反应并不是鼓励,而是怀疑。先是对自己的质疑,认为自己在这方面没有优势,孩子也就不会在这方面有发展。即使没有激烈地反对孩子投入这种兴趣中,也不会对孩子的这种倾向做出鼓励,这种态度必然影响孩子萌芽中的兴趣。让孩子自己也开始怀疑,甚至产生一种确定的态度,那就是"我没有这种天赋,我不会成功的"。

人们常说"天才是百分之九十九的汗水,加百分之一的天分",可是多数人并没有真正地接受它,而是仍然认为"天赋对成功与否作用巨大"。这其实是一种令人发笑,却又后果严重的意识。即使天才如爱因斯坦,据说大脑的开发也仅百分之二十而已。了解此种情况后,父母们是否可以对孩子兴趣产生少一点担忧,多一点鼓励呢?

懒惰是失败者的保护伞

懒惰的孩子就像走钢丝者，下面总是张着保护网，这样他们即使掉下去，也不会受伤。

虽然我们都知道懒惰是一种可耻的行为，懒惰的人会遭到鄙视，被认为不思进取，影响社会发展。生活中，我们对于懒惰的孩子常常是充满包容的，人们对懒惰的孩子批评得也比较温和，最多也只是责备孩子没有上进心。多数时候人们还会充满柔情地鼓励孩子说："只要你不这么懒惰，你就会取得很好的成绩。"这样就给懒惰的孩子撑起了一个大大的保护伞，他们不用背负别人对他的期望；他即使无所建树，也会在一定程度上得到人们的原谅，甚至还有人帮他解释，只是没有足够努力而已，并不是没有能力。因此他们更愿付出努力，总表现出一种无所谓和闲散的样子。

这种温和的态度可以避免伤害孩子的自尊，但是我们不能让这种温情成为孩子不努力的借口，过多地对孩子的懒惰放任自流，会给孩子筑造出一张网，在避免他们的自尊受到伤害的同时，也阻碍了孩子着手去解决他所面临的问题。从此他们自己也将习惯用懒惰解释自己所有的失败，将自己陷入一种自己总有一天就会突然成功的假象，而不思考真正依靠努力去获得。有时甚至产生一种不敢努力的恐惧，因为努力过后的失败将证明其原来的失败不是懒惰，而是不能。

每个孩子都有自己的发展期

儿童某方面的笨拙并非智力障碍的表现。

现在我们了解了很多有关那些表面上曾经表现出愚蠢、笨拙的孩子,却最终取得巨大成绩的例子,比如达·芬奇画蛋,又比如总是问一些老师觉得愚蠢的问题的爱迪生。这是值得庆幸的事,这让我们对于那些表面上略显笨拙的孩子多了些耐心与希望。当然同时我们需要清楚地认识到,并不是所有表现出笨拙和反应迟钝的孩子都是天才的另一种表现,确实是因为能力略有欠缺。可是也不能因此就对这类孩子丧失信心,给其印下智力缺陷的图章。因为个体心理学的研究一再指出,儿童的能力欠缺,其实是因为他的总体人格发展走上了错误的发展方向,从而使得他们的表现偏离了常态,有欠缺,陷入了困难的境地。那么，只要我们愿意帮助这些有行为问题的儿童，只要他们不是真正地在智力上有缺陷，总是有可能让他们长大成人。

对于这类智力发展缓慢，或者方向有偏差的孩子，我们不要急功近利地希望只通过一两次谈话就改变他的生活方式。要有耐心，要有面对孩子的进步出现反复的心理准备，对孩子进行进一步的心理建设。这不是一蹴而就的工作，教育者和父母要做好长期的心理准备。

家庭暴富不要突然告诉孩子

由俭入奢也需要适应期。

每一个父母都希望能给孩子更多，无论是精神上的还是物质上的给予。因为精神生活难以把握，所以物质的给予就显得容易许多。许多觉得自己在精神上无法给予孩子更多帮助的父母，都以为给孩子更丰厚的物质保障，孩子就能健康快乐地成长。事实总是让这些父母很沮丧,财富的增多并没有与孩子的幸福成长指数成正比,有时还令人气愤地产生反向影响。这种反向影响在那些暴富的家庭中出现的频率会更高一些。

　　物极必反,家庭的暴富给孩子的成长多数会带来一些不利的影响。曾经生活的平凡甚或贫穷的经历,与孩子的价值观念是相适的,并不是说他们就只能待在原有的物质条件中,只是说他们在那样的环境中长大,慢慢形成了与之相适应的人格特征。家庭的暴富将他们突然带进一个金碧辉煌的世界,很少有人能够适应这种突然的冲击,对于人格正在形成中的孩子来说,更是很难在没有外界帮助的情况下平稳过渡。所以暴富家庭的孩子,父母不应该只是给予物质,更应该帮助他们平稳过渡,形成新的、健康的价值取向与生活意义。

健康的家庭是孩子幸福的模板

健康的精神环境比富裕的物质生活对孩子的健康成长影响更大。

物质生活的条件和精神生活的环境同样都对孩子的心理产生影响,对心智尚不成熟的孩子,精神生活的影响更为深远。

例如,很多孩子会因为父亲或母亲犯了错误甚至犯了罪,而变得孤僻,不愿与他人交流,这是一种害怕和恐惧。因为他们担心其他同伴知道后瞧不起自己,或者嘲笑自己。如果父亲是个脾气暴躁的酒鬼,必然会影响到孩子对人性的认识。女孩子会从此对男性丧失信心,抑或对自己的另一半要求过低,因为父亲是她生命中第一个男性形象,这个形象必然会影响到孩子。同样也有女孩因为父亲在自己的眼中太优秀了,以至于无法找到合适的伴侣。如果父母婚姻不幸福，总是相互争吵，或者最终离婚，受伤最深的、付出的代价最多的永远是孩子。

作为孩子的父母，不仅有教育孩子识字、计算的责任，为他们创造一个健康的成长环境更是必要的。在不健康的家庭氛围中成长的孩子，会比其他孩子承受更多的错误认知和困难。这些童年时期痛苦的经历镌刻在他们的心灵深处，难以从记忆中抹去。当然，如果孩子学会并愿意同他人合作，这些经历的影响也是可以在一定程度上减少的。可惜，生活的经验告诉我们，这些童年的经历恰恰会造成其不愿，或拒绝他与人合作。他们认为这是保护自己的一种方式。

9 童年是未来的起跑线

每个人都有一个无法改变的童年

成长是对童年的记忆和修订。

我们每天都在不断地努力发展与改变,而且每天都在面对新的环境与机遇,让我们也觉得自己正在不断地改变。经过研究,心理学家发现,个人的基本行为方式,相对于童年时期并没有发生根本性的改变。个体心理学认为,人类的行为方式在生命的最初几年就已经形成了,之后的日子人们都会以这种基本的行为方式进行活动。

也许有人会说:"小时候我是孤僻内向的,可是成年后,我就变得开朗大方了。"这种转变不容否认,但是这些人如果对自己进行深度的剖析,就会发现开朗大方,只是成长过程中认知的增多,让他知道这样的生活方式是好的,所以会朝着这种性格特征规划自己的言行举止，但是某些具有明显心理特征的活动还是能表现出他内向的一面。比如交友，这类人多数仍很少会主动地对他人伸出友谊之手，尽管他在现有的交际圈中是热情大方的。

由此可见，成年生活中态度的改变并不一定意味着行为模式的改变。精神生活的基础并没有改变，那么成年后个人仍是和童年保持着相同的活动路线。我们剖析这一现象，并不是为了悲观地告诉人们后天的努力改变不了人生初期形成的行为方式，而是要指出：行为方式的一致性，意味着个人生命目标的一致性，这样的认知能够帮助个体对自己人生目标有更清楚的认知，从而坚持不懈地朝着它努力前进。

你的记忆将会出卖"你的秘密"

最能显露内心秘密的就是人的记忆。

记忆是我们随身携带，能使我们有意或无意地想起自己本身的各种限制和对环境赋予的意义的一种充满神秘色彩的东西。我们都知道记忆绝不会出自偶然：个人从他接收到的多的不可计数的印象中选出来记忆，一定是那些让他觉得对他的现实处境有重要意义的东西。一个人的记忆讲述着他自己的"人生故事"，并且总是会重复不断地用这个故事来警告或者安慰自己，提醒自己把精力都锁在自己的人生目标上，参照过去的经验和行为模式来应付未来的生活。

可见人的记忆完全不会偏离个体的生命目标，它是人心灵的各种现象里最能表露出人的根本人生目标的现象。基于这个认知，我们可以充分利用记忆的目标趋向性，来了解一个人的基本人生走向。通过这种了解，能够及时地对记忆的所有者，心灵深处错误的目标走向产生反应。记忆的这种特殊功能对于及时帮助儿童避免人生目标的过度偏离，或者帮助其修正已经出现偏离的目标走向。这样使得那些没有心理知识的父母也能够很好地了解儿童的行动趋向,及时发现孩子的问题,并帮助解决,这对于孩子的人生目标的实现可以起到长期而深远的作用。

童年的记忆是最宝贵的财富

所谓"梦回童年",应该看成是人类精神上的一种"皈依"。

弗洛伊德认为,童年的记忆是一种永恒的、固定的记忆,因为这种似乎微不足道的童年记忆,往往有着巨大的力量与我们伴随相当长的时间。那些留在记忆中的童年发生的事情,往往是那一段生活中最有代表性的最有意义的因素,不管这件事情在当时很重要还是由于后来所产生的影响变得突出,在如今我们的记忆中,往往具有不可替代性。

童年总让人回想。回想那丰富多彩的梦,那咿呀学语的好奇,那第一次参加演讲比赛时的紧张与兴奋,太多的那一个个时刻的回忆,那一个个镜头,霎时间都浮现在你的眼前。童年的回忆似一杯浓浓的绿茶,沁人心脾;童年的回忆似一杯淡淡的水,酸甜苦辣只有自己品味;童年的回忆又像暴风雨后的彩虹,五光十色,绚丽无比。记忆中的童年,总是那些最美的瞬间,让世界一切万物回到本初,让人变得无比放松,让人感到切身的温暖,让你回想起遥不可及的梦,让你回想起在雨中跳动的旋律。

  儿时那一件件不起眼的小事,总是那样令人感动,正因为有了这些童年的积淀才能让自己不断进步、不断追求、不断成长。做一个记忆的拾荒者,走走停停,拾起那些有的、没的、自己的、别人的快乐的记忆,把它们捧在手心,带着笑赏看,乐在其中。

起跑线到底在哪里

合作还是破坏,勇敢或者软弱,都是从小时候就开始的。

因为对记忆的认知的加深,我们知道了记忆在人生目标的实现过程中起着重要的作用,因此我们也就能意识到早期的回忆对个人来说必定也是特别重要的。事实证明我们的推知是正确的。比如,我们可以从记忆所显示出的生活模式及其最简单的表现形式中判断:一个孩子是被娇纵宠惯的还是被抛弃遗忘的。他的社会感怎样,学习和他人合作的能力达到何种程度,过去的记忆让他愿意和什么类型的人合作,他曾经面临过什么问题,以及他如何应付它们。

那些儿童时代起便牢记在心的事件,必定和

他个人的主要兴趣方向,即人生目标非常相近。因此,要想知道一个人的目标和生活行为方式,我们首先需要知道的就是他早期记忆中最关注的事件,即他的兴趣所在。比如在人们的记忆中,或者潜意识里认为"在小时候,我就已经这样了"或"儿童时期,我就已经发现世界就是如此这般的"。这些个人判断都来自记忆,尽管有些并不是真实存在的或者真实发生过,但是这也是根据原本的记忆推演的,能够表现个体人生目标形成的过程与特点,这也是记忆的最大价值及意义所在。

梦里啥都有

做梦不重要,做梦的感觉才重要。

每个人都会做梦,那是一种奇特的体验,通常梦的内容是不受个体的主观控制的,或者说是非自愿的。梦是一种意象语言,梦中的意象从我们日常生活到天马行空的神仙世界,多数的时候都是超现实的。比如梦见与已逝的亲人重新坐在一起聊天,又或者与外星人一起在天空飞行。

正因为在梦中我们都变成了超人,所以现实中压迫我们的困难与问题,在梦中似乎变得容易了,只要小小地调整一下就能够把问题解决。

梦能够顺着人的意图,支持并且服从人的生活方式,同时激发与之相适应的感觉,从而让人们回味梦境。这就可以解释,为什么当人遇到问题,但又不想以符合常理的方法解决时,他就会通过梦的形式来执行,在梦中体会那种感觉。比如许多人都梦见自己会飞。这个梦的关键,像其他梦一样,在于它所激发的感觉。它给梦的主人留下一种轻松快乐的心境,让心情由低沉到高涨。它在梦里帮主人克服困难,把追求优越描绘为轻松容易的事。这种感觉让人觉得自己是个勇敢者,高瞻远瞩,雄心勃勃。假若梦的主人在现实中面临着这样一个问题:"我是继续向前还是就此打住?"那么梦会回答:"我的路上没有阻碍。"

这种感觉是很美妙的,不过我们也要清楚地知道它只是个梦,我们应当利用它给我们带来的美好心境,然后与现实的生活实际配合起来,这样才能真正地解决所面临的问题。

好梦留人睡

感受梦,不要去解读梦。

做梦其实是对完美睡眠的一种干扰,或多或少我们都有过那种一觉到天亮的感觉,当你睁开双眼时仿佛刚刚入睡,但是精神百倍。随着年龄的增加,这种幸福的感觉出现得越来越少,因为现实中的压力与紧张感,我们即使在熟睡时也被压迫着。

我们发现对于梦中的景象、时间、意外事故的选择,其实是顺着我们自己的意思发生的。回想一下没有一个梦是完全陌生的,总会有我们周围熟悉的人或物出现在其中,其他人和物其实都是以它为基础展开的。通常那些真实感强烈的梦都是现实压力的延伸，当我们带着困惑入睡，梦开始给我们解答，但我们清楚，那只是给了我们一个脱离现实的解答而已。

梦的作用就是让我们自己欺骗自己，然后使我们陶醉其中，这就能说明为什么它们总是那么难以理解。如果我们能够足够了解梦，它们便不能再欺骗我们，可惜我们永远无法完全了解它，至少在现阶段。那么就请让梦中的只停留到醒来的那一刹那，不再接受梦的启示，现实的生活还是要我们真正地努力。

幻想能体现一个人的性格

幻想和想象是个体独特性的清楚表达。

人们常常认为幻想和想象是虚无的、不着边际的。其实不然，幻想和想象作为发自人心底的一种活动，能够体现一个人的性格特征。以我们自身的经验来看，想象是在被感知的对象不在身边的情况下的一种情景重现。比如画饼充饥，它是一种被复制的知觉，是灵魂伟大的创造性的证明。同时它又不仅仅是被复制的知觉，它是建立在知觉基础之上的一种独特的全新的产物，是在人体感觉基础之上产生的。幻想的清晰度则要高于想象，以至于精神中的事物就在眼前一般，无比真实。因此它会在一定程度上影响个体的实际行为，最终形成一种幻觉。

很多人对幻觉有一种不太美好的认知，因为似乎生活中多数的幻觉都是在非正常心智下产生的，总会导致不太美好的后果。其实不然，每一种幻觉都是灵魂的艺术创作，是依个体的目标和性格特征而设计形成，带有个体鲜明的文化特色和内涵。因此如果能够很好处理幻觉与现实的关系，幻觉在很多时候给艺术家带来了巨大的灵感。

10 成功永远比不上成长

我是谁,谁又是我

"超我"到底是不是"我"?

超我是自我与现实冲突的产物,它从自我中分离出来,并且在自我不能满足现实需要的时候,设法满足个体需要。弗洛伊德指出,超我源于性力冲动,一位男孩从生物性来讲,其超我是由俄狄浦斯情结的压抑造成,平时常以父亲自居,又与父亲作对,从而产生了一种取代或超越父亲的愿望。要克服这种矛盾,他必须把父亲的压抑力量变成自己内在的压抑力量,以控制俄狄浦斯情结,通过良心、理想等形式成为超我。

超我是道德化的自我。在生活中,我们常会有这样的经历:我们走在街上,一路朝熟人点头微笑;我们举起酒杯,听着应酬话,用笑容答谢;

我们坐在一群妙语连珠的朋友中，自己也说着俏皮话，赞赏或得意地大笑……在所有的这些呈现在眼前时，我们的心中往往会有这样一个声音："这不是我！"于是，笑容就冻结了，因为在那一刻"超我"就会让自我明白，那些面带笑容的面孔都是阿谀奉承者、拍马屁者。

超我是为自我所设立的各种道德规范的总和，它总是要求自我按照社会道德标准来行动，是社会文明的产物。一旦一个人在理想和道德层面释放很多，就会成为品行高尚、受人尊敬的人。

让孩子成功不如教孩子成长

幸福的人生比盲目的成功更重要。

许多人都说现在社会太浮躁了，人们对社会的贡献越来越少，而是将眼光越来越多地放在个人的成败得失上。因为这种对个人成败的过度关注，导致今天的社会上越来越少的人为合作做准备,而是将精力都放在追求个人的利益上。

现在这种浮躁的生活态度也蔓延到了学校中,导致我们的学校教育也开始只注重个体的成功,忽视了培养学生懂得合作的重要性。现有的教育模式都是竞争模式的。不重视合作,甚至刻意忽略合作的重要作用,每一个活动受关注的只有一个人,那就是第一名,连第二名甚至都被忽略。为个人的成功与否赋予了极大的意义,极力推崇个体的成功,并以此为全体学生的榜样。这样在学生之间,竞争变得激烈异常,孩子们的雄心被极大地激起。但是这种雄心是被过度激起的。它使得孩子们与同伴之间的关系变得紧张起来,因为竞争而变得彼此防范,拒绝合作。这种情况必须被遏制,孩子们长期处于这种不健康的竞争环境中,必然导致社会感的缺失,等到这些孩子长大,他们将很难与人合作。现在社会中的这种情况已经渐渐显露出来了,造成的社会问题逐渐被人们重视,相信不久将会得到改善。

内在品质比外在成功更有价值

要有雄心，但不能只有雄心。

这是拥有过度雄心的表现。我们习惯把雄心视为一种优秀的品质，以至于会鼓励孩子去继续努力，却不知道这在心理学上看来其实是错误的。因为过度的雄心会给孩子带来紧张的心理压力，短时间尚可，时间长了就会对孩子的性格形成产生巨大的影响，他们会只关注在书本上，而忽视其他的活动。他们和周围的人通常会一起选择忽视和回避其他问题，只以名列前茅为目标。也因此在其他方面都是欠缺的，并且丧失信心。同时也因为只关心结果，在意别人的承认，所以一旦有一天他们的结果没有得到别人的认可，他们就会变得茫然不知所措，甚至没法生活下去。

在当今这个浮躁的世界，人们总是更为关注可见的成就，却不注重全面和彻底的教育。家长常常只通过外在的成功来评判孩子，给他们贴上好孩子和坏孩子的标签，却不根据其面对困难和克服困难的能力来评价他们，导致他们的价值取向出现不可逆转的偏差，酿成一出出悲剧。因此，教育者和父母应该培养孩子拥有勇敢、坚忍和自信的品质，让他们认识到，面对挫折不气馁，不丧失勇气，把挫折当作一个新的问题去解决。

卸下"武器"才能更好地照顾自己

眼泪是弱者的"武器"，却是成长的"天敌"。

《超越自卑》中说："眼泪和抱怨，被称为'水性的力量'，它是破坏合作，将他人降为奴仆地位的有效武器。"永远不要低估孩子的聪明程度，这一点从他们人人都懂得运用"水性的力量"就能够证明。将眼泪变成驾驭他人的最佳武器的孩子，除了会变成爱哭的娃娃之外，也很容易变成患有忧郁症的成人。因为他们将所有问题的解决方法都寄予眼泪。一旦有人没有受他们眼泪的控制，他们的"武器"就会转为抱怨，仿佛全世界都背叛了他，亏待了他。事实上，即使他们运用了这两样致命的"武器"，他们也不可能达成所有的目的，于是他们觉得被冷落、被抛弃了，从此变得忧郁。在日常生活中，他们也开始变得过度害羞、忸怩作态。不断向周围的人示弱，以及表现出他们在照顾自己方面的无能。这是另一种他们希望通过软弱驾驭他人的方式。

用眼泪获得的驾驭他人的经验，已经成为他们内心根深蒂固的与人交流的方式，他们不懂得如何与人以平等的身份交流。这时周围爱护他们的人不能再一味地迁就与照顾，选择帮助他们走出这种错误的人生认知才是真正地爱护，因为没有人能够照顾一个人一辈子。

成功之路本来就是孤独的

思想愈深邃,理解的人愈少。

弗洛伊德说,要在思想领域中做出伟大的决策,要获得重大的发现,要解决疑难的问题,就只能靠一个人回避世人的潜心钻研,可见一个人只有具有独处、独思的能力,才能够获得成功。然而,这个过程往往是孤独的。

有一个年轻人,大学毕业不去报酬丰厚的跨国公司,却选择了一家收入很低的研究机构,并在那里默默地在研究所上班。经过五年的潜心研究,他做出了重要的发明并且创业成立自己的公司,获得巨大成功。许多年轻人虽然毕业时进了一个很好的单位,但到现在充其量还是一个低级"打工仔"。这位年轻人的成功恰恰说明了要获得重大的发现,要解决疑难的问题,只能靠回避世人的潜心钻研。

孤独的灵魂是最高尚的。一个人的思想越深邃,其理解的人就越少。为了迎合别人的理解,放弃自己的个性以及追求,并且逐渐沦为平庸,这是一种人生的悲哀。追求成功之路本身就是孤独的,没有几十年寒窗的坐冷板凳功夫,哪有著作等等的大成就?

爱的陪伴让我们告别孤独

别让你的生活变成朋友圈,别让你的亲友都成"点赞之交"。

现在,很多人喜欢在工作之余,频繁地去参加各种沙龙、俱乐部等社交活动。或是尽情地享乐,背起行囊到处去游历,不断地接触不同的人,尝试与外界建立各种社会关系,从而让自己不会产生某种孤独感。

不过,通过这些方式得到的满足感只是暂时的,在他们心灵深处,仍然充满了空虚与孤独。事实上,我们总是想要挣脱一种精神上的压力,而去争取另一种新的自由。

对比原来的生活,现在的世界多了飞机、高铁、互联网,甚至开始出现人工智能,这些现代工具能够在短时间内将一个人从此地送到彼地,也能在瞬息间获取全球的最新信息。人与人联络的方式这么便捷了,为什么人们的孤独感却一点都没减少,反而愈演愈烈?因为信息茧房里每个人都只能看到、遇到自己想接触的信息。在看似靠近的世界里,其实我们正在彼此疏离。这里说的"疏离",不是指地域上的远近,而是说人与人之间的情感越来越淡漠。

这就要求我们要尽可能多留一点时间给自己身边的人,多多陪伴家人和朋友,放下手机,打开心扉,好好与亲朋好友共度良宵。惟其如此,我们长途的跋涉才有意义,我们的生活才能彻底摆脱孤独。

要自我但也不要只讲究自我

人在本性上习惯以自我为中心。

作为生活在高度竞争环境中的我们,当然理解,在当今这个文化中,不想追求优越和卓越的儿童是不能想象的,这是社会赋予他们的意义。但我们不能因此就认为个体的社会情感不被充分发展,是不需要被重视的。那么,什么样的儿童缺乏社会情感呢?心理学家给了我们一些建议。通过对儿童一些特定的行为表现的观察我们发现,如果一个孩子在追求卓越性时不顾他人感受、总是只想着突出自己,那么我们就需要注意了,因为他与那些没有表现出此种行为的孩子相比,缺乏社会情感。

这时候我们该怎么办?其实生活经验告诉我

们，不仅仅是当代，从古至今人类都是如此的。人在本性上都是习惯自我中心的，对自己的考虑总是要对于他人，这是人之常情。所以最初我们只需要进行简单的引导即可。一旦发现孩子已经思想混乱，甚至形成了错误的思想和犯罪的倾向，那么我们就需要深入探究，希冀将有害的心理连根拔除。对于孩子，我们不能像道德说教家那样只是不断加以抨击，那对成人都是毫无效果的，遑论儿童。这时候我们应该选择成为他们的朋友或治疗他们的医师，而不是长篇累牍地说教。这才能使孩子卸下心防，更好地和你一起拔除心理的毒素。

人生是场马拉松

遗传因素只是起跑线，但人生是漫长的马拉松。

发现当孩子取得理想的成绩时，父母喜欢归因于遗传。当孩子取得不那么理想的成绩时，老师也喜欢归因于遗传。遗传默契地成了老师和父母面对教育的失败时共同的借口，甚至说得理直气壮。可悲的是这个借口得到了大家普遍的接受。

从某种程度上说，孩子的聪明程度、智力水平是与遗传有一定的关系的，但是这个关系不是绝对的，更不可能起到决定性的作用。孩子在各方面表现的才能绝不可能仅由遗传来决定，如果一个教育者真的要把性格和智力的发展归于遗传，那么教育的意义何在呢？我们学过《伤仲永》的故事，可见在迷信遗传这个问题上，古人要比许多当代人清醒得多。

我们不能在今天这个文明高度发展的社会重演《伤仲永》的故事，更不能被可笑的遗传说打败，让孩子活在遗传不好的阴影中。我们要解决自身对于遗传的错误认识，然后给予孩子正确的教育。要让他们清楚，遗传基因并不能影响人的一辈子。

平凡人也有享受幸福的权利

平凡的幸福,也是一种幸福。

对于平凡的我们来说,能看到自己平凡的幸福就是一种莫大的快乐,更加懂得珍惜自己所拥有的一切,接受生活带给我们的一切,你就会不经意地获得更多的幸福。

做人需要几分淡泊平凡,只有如此才能豁达地面对人生的得失。说到平凡,那是一种境界,是一种从容不迫的生活态度。有时候现实中的失去或者追求的目标因能力所限而无法达到,并不代表真的没有获得或距离成功很远,只要思想达到了,结果就是一样的。坦然地面对生命中的荣辱、得失、进退,其实是人最可贵的品格。

懂得并学会爱自己,是源于对生命本身的崇

尚和珍重。这可以让我们的生命更为丰满和健康；可以让我们的灵魂更为自由和强壮；可以让我们在无房无居的时候，亲自去砌砖叠瓦，建造出我们自己的宫殿，成为自己精神家园的主人。

告诉孩子：哪怕你一无所有，你仍然有理由珍爱自己。我们始终都在走一条路，一条属于自己的路；我们始终都在营造一处风景，一道涂抹着个性色彩的风景。路在延伸，风景依然亮丽，我们把夕阳走成了朝霞，把寒冬走成了暖春。

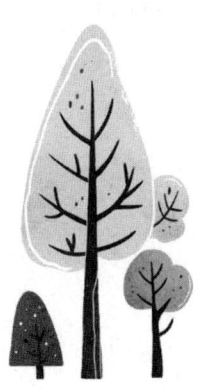

11 直面人生的勇气

假如生活没有欺骗你

忍受是生活的第一步。

假如生活就像我们看到的那样,一切都会变得极为艰难,生活总会有太多的痛苦失望以及无休止的工作,我们需要做的是忍受生活。生活就是要学会忍受,只有忍受才能享受。

弗洛伊德指出,我们要想忍受生活,需要有三个缓冲措施。面对痛苦,一味地咀嚼与感伤只会让自己的痛苦弥漫全身,只有将注意力转移到其他更积极的方面,才会使痛苦的种子无法发芽成熟;面对失望,一味地惋惜与感慨只会徒增内心的留恋,进而也就丧失了前进的动力,一蹶不振,因此找到其他让自己满足的东西代替,才会从失望的情绪中走出来;面对那些难以完成的事情，一味地抱怨与厌恶，只会浪费更多的时间，何不让投入更多的热情，让自己陶醉在解决问题带来的快乐之中呢？那样才会享受那个美妙的过程。

著名作家伏契克说过："笑着面对生活，不管一切如何，一直努力提高自己的心理承受能力，做到笑对人生。"罗曼·罗兰也说过："生活这把犁，一方面割破了你的心，另一方面掘出新的源泉。"假如生活就像我们看到的那样，学会承受，把伤痛转移，就像珍珠贝一样，抚平自己的伤口，在伤口处磨砺出一颗又大又亮的珍珠，闪闪发光，照亮人生。

勇敢面对，认真解决

如果有选择命运的机会，最好的办法是勇敢面对。

有些人相信，命运之神支配着人类的命运。

生老病死、贫富贵贱等所谓的一切都是命中注定。也有人认为，人的一生是由"命运"操控的。命中有时终须有，命中无时莫强求。多少时候，他们只能服从命运的安排，任凭命运的肆意玩弄。

　　世事难料，命运无常，不同态度面对，就会产生两样人生。面对者将受到人们尊敬，逃避者将遭到人们唾弃。翻开历史画卷，可以发现世界上许多事都不是一帆风顺的。人生会有无数次的"跌倒"，只有不怕命运，挫折与困难，勇敢地面对，人生才会发现新的起点，才会有辉煌的成功。命运掌握在自己手中，我们要勇敢地面对。即使我们的性格、成长、天分等与生俱来的条件是无法改变的，但自己的人生，应该自己去创造，包括命运也是如此。面对命运的种种期待、磨难，我们需要的是一颗勇敢面对命运的心。面对命运的枷锁，我们应该勇敢挑战命运，改变自己的命运，去实现自己的梦想。路，就在我们的脚下，不管是笔直的公路，还是崎岖的山路，我们都得靠自己的实力去开创。在命运的洪流中，不随波逐流，扬帆远航，绕过礁石，冲过海浪，相信最终会到达胜利的彼岸。

每个生命都是独一无二的

每个人都有自己的价值和意义。

"人人生而平等。"世界上没有完全一样的两片叶子，每个生命都是唯一的，没有高低贵贱，每个认真努力生活的个体都有他存在的价值与意义。无数个唯一的生命构成这个大千世界，作为这无数个唯一中的一员，你有权利更有义务为这个生活的世界添上你自己浓重的一笔。

我们没有办法选择以怎样的外在来到这个世界，也无法选择迎接我们的是怎样的环境。一旦你的双脚踏上了这片土地，你的人生就只掌握在你自己的手中了，除了你自己任何人也没有权利决定你人生的走向。家人可以给你人生的指导，做你最坚强的后盾，但是他们不能替你品尝人生的酸甜苦辣。朋友可以给你扶持，陪你共进退，伴你走过人生的许多重要的时刻，但是他们也有自己的人生去完成。你不能当自己生活的旁观者，当你勇敢地迈出第一步，接受生活中随之而来的一切，你就获得了属于自己的人生。生命只有一次，每个人都被赋予了绽放的机会，只看你能否将它抓住。理想与现实之间最难的只有第一步。所以，珍惜你所拥有的，用上帝创造的独一无二的你，迈出勇敢的一步，为自己打造一个美好而有意义的人生。

角色伴随着责任而存在

没有挫折的人生，平淡无奇。

我们到底为什么而活？生活的意义是什么？每个人都只把这个问题和对它的答案表现与自己的行为之中，很少有人能真正清楚的回答这个问题。这也是我们无法逾越的问题，因为每个人的生活都必须要有意义。不然当我们年逾古稀，回首往事时，我们会因为自己碌碌无为而羞愧，会因为自己毫无意义的一生而悔恨。

对于到底什么才是生命的意义，这个困扰我们大多数人的问题，心理学大师阿德勒又是怎样回答的呢？阿德勒认为，真正的生活意义的标志是能够和他人分享，被别人认定为有效的东西。因为即便是天才，也只能是因为他的生活被别人认定为被他人所需要时，才被称之为天才的。当然这并不是要你为别人而活，只是希望我们都能拥有一种社会精神。

就如在生活中，我们都会同时扮演不同的角色，每一种角色也都会伴随着一份责任而存在。然而这份责任并不是负担，而是一种需要。被他人需要，就是生命存在的价值。因为被需要，生命才变得更有意义，更有存在感。试想有那样一天，你不再被任何人需要，也无须对任何人负责，你的存在除了对你自己对任何人都没有意义的时候，会是怎样的情景。你会因此觉得没有责任而感到轻松自在吗？不！因为那带给你的不是无责的轻松，而是无尽的孤独。

不同的人群有着各自的烦恼

家家有本难念的经。

"虽然不幸的形式多种多样，但你却不难发现，它无处不在。上班时间立于繁忙街头，周末闲暇盘桓通行大道，或者良宵时光流连于歌堂舞厅。这时，把自我从灵魂处放空，让周围的陌生人的性情占据你的视野。你将会发现，这些不同的群体都有着各自的烦恼。"这段文字来自《拜伦式不幸》。

在这个世界上，一个人可能没有各种各样的权利，但每个人都有追求幸福的权利，每个人也都有幸福的可能，只要你愿意。幸福离你并不遥远，只要你能够顺应本性去生活，少一些机巧之心，多一些安逸自由，你就是幸福的。

事实上，每个人都有各自的烦恼，甚至，每个人都觉得别人拥有的比自己的更多更好。很多人处心积虑地追求幸福，追逐了一辈子，还是没有找到幸福的所在。人性的一个弱点，便是总觉得他人手中的比自己的好，别人那样才是幸福，因此要努力追求像别人那样。

幸福没有特权，每个人都能够获得幸福，幸福不在万物之中，它存在于你看待万物的自身态度之中。如果你接受幸福的态度不正确，即使置身于幸福的环境中，你也会离幸福越来越遥远。如果只看到别人外在的幸福，就轻率地判断别人超越了自己的幸福，那么幸福将毫不犹豫地离你而去，很多人感觉不到幸福的原因正是在于盲目地悲叹自己的处境。我们觉得不幸，不是因为自己住的单间房，而是不满意、看不惯租房过日子的自己。

幸福和不幸在于自己的心态，也就是怎样看待现在的自己。幸福人生就是我们原生态的生存现状，把痛苦和不幸的标准放在别人的身上，并不能使我们快乐。

上天对每个人都是平等的,世上的每个人,只要愿意,不必舍近求远,就能获得幸福。

精神世界的贫瘠更可怕

个体在世界中的生活方式、活动、行为、观点,都和他的目标紧密相连。

在当今社会,优势、权力和征服他人,成为大多数人活动的目标。这一目标正调整着整个人类的世界观和行为模式。这种对于优势、权力的追求是人们渴望到更好的物质生活的表现,但是如果这种追求过度了,或者成为人生追求的唯一目标,那则是可悲的。

人们首先必须吃、喝、住、穿,然后才能从事政治、科学、艺术、宗教等等;所以我们要清楚,虽然人人都渴望有更好的物质生活,但是物质生活并不是生活的全部。精神世界的贫瘠是更可怕的。如果整个人类的世界观和价值观都不再关注，长此以往结果必将是文明的衰退与文化的失落，又有多少人为金钱、为贪婪，背离了对人性真、善、美的追求，在物欲横流中浮沉。这是一个悲剧的人生。如果真正希望这个社会好转的话，真正有正直之心的人，就必须传授财富的使用方法。财富的形成，必须有利于心朝向正确的方向发展，如此，社会才会好转。重要的是财富必须朝这个方向流动，成为让更多的人能够获得幸福的一种手段。

真正的贫穷是缺乏自由意志

永远不要放弃自由意志。

尼采认为一个人即使抛弃了一切而一无所有，只要他还拥有自由的意志，那么他就是世界上最富有的人。尼采是偏激的，正因为偏激，他也是深刻的。卢梭曾说："人是生而自由的，但却无所不在枷锁之中。"的确,人是生而自由的,我们刚来到这个世界上,心灵就是一张白纸,没有任何先入为主的观念的羁绊。

　　人是世间最为自由的动物,其他生命则根本没有自由选择的权利,它们只能被固定在命运的圈子里,可见,拥有自由的灵魂是一种幸运。自由是上天对于我们最伟大的恩惠,因为我们没有活在一个限定的圈里,你可以创造无限的可能性,你也可以创造你自己,你可以成为快乐、幸福的生命体。这一切变化都是你为自己做的自由选择。贫穷或富有已经如烟远去,每一次灵魂自由的选择,确确实实地成了生命中的收获,这自由意志像长了翅膀,在偌大的心灵世界里自由飞翔。它可以是美好的回忆,也可以是痛苦的煎熬,带给人的却是对生命最本真的深刻的感悟。因为有了自由意志的选择,人世间一切悲欢离合都将值得称颂;因为有了自由意志的选择,生命也将更值得回味。

学会与人生嬉戏

唯有艺术能化苦难为欢乐。

人的一生中,每个人都曾沐浴幸福和快乐,也会经历坎坷和挫折。幸福快乐时,我们总是感觉时间的短暂;而痛苦难过时,我们却抱怨度日如年。何不以轻松的游戏心态去拥抱人生呢?那将会是另一番景象。

生活就像游戏,不可以太计较。简单问题复杂化,只会增加我们的负担,如果你能把复杂问题简单化,生活就会很轻松。遇到问题笑笑,坦然地接受,办法总比问题多,与其浪费时间抱怨苦难,不如轻轻松松卸下心里的包袱,选择去解决问题。

游戏人生还是人生如戏,其实道理是一样的,无非是自己面对生活的态度。生活中不如意事十之八九,如果每件事你都要去计较,生活便没有什么乐趣可言。学会放弃,放弃让自己烦恼的事情,然后轻松地生活;学会宽容,宽容别人犯下的错,不要用别人的错来惩罚自己。生活是自己的,试着用游戏的谎言去与人生嬉戏,生活将会彻底改变。

在现在这个充满竞争、充满压力的社会,心态的调节是很有必要的。生活本来就是五味俱全,生活无论如何都要继续下去,是开心地过还是痛苦地过,完全是你的选择。生命是一个旅程,如果能够乘兴而行,不管路途多么遥远,都是幸福而饶有风味的。